KARL POPPER, FALSIFIERINGENS PROFET

Svenska Humanistiska Förbundets
skriftserie nr 131

Sir Karl Popper föddes 1902 i Wien, dog 1994 i London. Fadern advokat med judiskt ursprung. Karl Popper var verksam i Österrike, främst som filosof med specialiteten vetenskapsteori. Efter *Anschluss* emigrerade han till Nya Zeeland, men flyttade senare till Storbritannien. Där adlades Popper 1965 för sina vetenskapliga insatser.

ULF PERSSON

Karl Popper, falsifieringens profet

SVENSKA HUMANISTISKA FÖRBUNDET

CKM FÖRLAG

Omslagsbild: © Fotolia.com
Grafisk form: RPform, Richard Persson

CKM Förlag, Box 49109, 100 28 Stockholm
Tel 08-651 39 70, info@ckm.se, www.ckm.se

Tryck: Instant Book, Stockholm 2014
ISBN 978-91-7040-117-6

INNEHÅLL

FÖRORD 7

INLEDNING 11

BIOGRAFI 21

FALSIFIKATION 27

ATT FALSIFIERA 35

MATEMATIKEN 41

FYSIKEN 57

DARWINISMEN 83

POPPERS TRE VÄRLDAR 109

DEN EVOLUTIONÄRA EPISTEMOLOGIN 123

POPPER OCH DET ÖPPNA SAMHÄLLET 129

SAMHÄLLSNYTTIG KUNSKAP 141
Medicinen 141
Ekonomin 149
Pedagogiken 161

HISTORIA 171

SAMMANFATTNING 177

APPENDIX 185
Statistik 185
Litteraturförteckning 199
Personförteckning 200

FÖRORD

Karl Popper (1902–94) åtnjuter knappast någon större respekt bland fackfilosofer, även om de kan medge att han har formulerat tankar som inte är helt utan värde. Han har uppfattats som något av en modefilosof som likt en managementkonsult eller en självhjälpsguru presenterar enkla och klatschiga rättesnören. Hans upprepade mantran om falsifiering snarare än verifiering, lovordandet av den fria diskussionen och toleransen och den starka betoningen på problemformuleringen, snarare än problemlösningen ter sig antingen som truismer eller absurditeter, alltför vaga för att egentligen kunna säga oss någonting. Med andra ord: icke-falsifierbara i den popperska terminologin.

Från vänsterhåll har hans förordande av stegvisa reformer och respekt för traditionen, i förening med prioritering av frihet framför jämlikhet, kunnat te sig stötande, liksom hans nära vänskap med ekonomer som Hayek – för att nu inte tala om en alltmer neo-konservativ orientering under hans senare år, såsom advokatyren för preventiva krig mot tyranner efter Berlinmurens fall.

Sant är att Popper har odlat imagen av amatören och byskolläraren som sätter en ära i att lägga fram sina tankar på ett enkelt och tillgängligt sätt utan tekniska subtiliteter eller imponerande jargong. Och sant är att han uppskattas bland ickefilosofer som sanningssägande outsider. Som akademisk filosof verkade han aldrig, och hans anställning vid London School of

Economics är väl närmast att likna vid en husgurus. Mycket litet av vad Popper predikade var originellt, men detta gäller även så gott som alla akademiska filosofer, ty filosofi handlar inte så mycket om att vara originell som att omtolka och förtydliga tanketraditioner. Popper framtonar som en försokratiker implanterad i modern tid, och mycket riktigt återfinner han i dessa tidiga pionjärer sina själsfränder. Om han varit född ett par tusen år tidigare, hade hans akademiska rykte förmodligen varit omgärdat med större respekt. Poppers huvudintresse var epistemologin, speciellt den vetenskapliga, och i debutverket, *Logik der Forschung*, presenterar han sin huvudtes: falsifikationen. Ironiskt nog kan hans genombrott, *The Open Society and Its Enemies*, anses vara det mest genomtänkta och ur akademisk synpunkt mest intressanta av hans arbeten. Det uttrycker en intensiv samvaro med Platon och Marx och innebär svidande kritik av dem bägge. Angreppet på Platon kan ses som ett fadersmord som har väckt mycket ont blod bland klassiker, medan hans i många stycken sympatiska kritik av Marx tycks ha betraktats som tämligen ovidkommande bland marxister.

*

Mitt syfte är att fördjupa bilden av den popperska filosofin, att visa att hans mantran har intressanta konsekvenser och att den kritik som oftast anförts mot honom skjuter över målet. Ja, det är den i mitt tycke ymniga förekomsten av ogenomtänkt kritik som har förmått mig skriva denna bok.

*

Dagens vetenskap har hög status. Kanske var den än högre under Poppers ungdomsår, ty då sammankopplades vetenskap med säker kunskap och framsteg i betydligt större utsträckning än i vår mer luttrade samtid. Marxismen åtnjöt stor prestige på grund av sin vetenskapliga framtoning, och speciellt under 1900-talets första hälft utgjorde den därför något av en trosbekännelse bland många vetenskapsmän. Den unge, politiskt idealistiske Popper föresatte sig att undersöka huruvida marxismen var sann eller inte, och konsekvenserna av denna undersökning kom att genomsyra hans fortsatta gärning. Man skall dock inte, till skillnad från fallet Hayek, se hans anti-marxism som någonting centralt, utan mera som en inkörsport.

Numera har vi ett mera kritiskt förhållningssätt till vetenskap och framstegstro; däremot ser vi kanske vetenskapen som oundgänglig för tillväxt och välståndsökning. Vetenskapen har blivit mer egalitär. I princip anses alla kunna verka som forskare bara de får den rätta utbildningen eller snarare de lämpliga instruktionerna. Medan vetenskapen tidigare var en ganska exklusiv verksamhet, är trenden numera att så mycket verksamhet som det överhuvudtaget är möjligt skall vila på så kallad vetenskaplig grund. Detta innebär i praktiken ett förflackande av begreppet vetenskap, och fröet till den utvecklingen såddes redan av Francis Bacons vision från början av 1600-talet. Den har medfört inte bara en industrialisering utan även en byråkratisering av vetenskapen.

Popper kan här verka som motgift. Han insisterar att vetenskapen är en skapande process och därmed oförutsägbar. Demokratin, upplyser han om, är en konsekvens av den kritiska diskussionen, eller med andra ord den vetenskapliga tradition som föddes med den grekiske filosofen Thales.

*

Jag skall först och främst tacka min vän publicisten Anders Björnsson för mångårigt stöd och uppmuntran i mina skriverier och för att ha tagit initiativet till att en skrift som denna når offentligheten. Vidare vill jag tacka doktor Margareta Hölne för en noggrann genomläsning av manuskriptet, liksom även professor Torgny Lindvall för hans genomgång särskilt av det statistiska appendixet.

Partille hösten 2012

Ulf Persson

INLEDNING

VAD ÄR VETENSKAP? Vulgäruppfattningen frammanar bilden av bistra män i vita rockar som med objektiva metoder granskar verkligheten och därur finner ovedersägliga fakta som utgör grunden för vårt vetande. Hur ofta har man inte hört begreppet vetenskapligt bevisat, eller att vetenskapen hävdar, och banne den som har fräckheten att ifrågasätta detta. Med upplysningens genombrott har religiös vidskepelse ersatts av vetenskaplig empiri. Vissheten har övertrumfat visshet och trosvisshet.

Visst har vetenskapen skördat triumfer och lagt grunden för en teknologi som under de två senaste århundradena på ett genomgripande sätt har förändrat vår vardag på gott och ont. Men med vetenskap menar man här naturvetenskap, och i den anglosaxiska traditionen betecknar *science* huvudsakligen naturvetenskap även om begreppet *scientific* har en betydligt vidare tillämpning. I den mer renodlat germanska världen, till vilken Sverige hör, används benämningen vetenskap även om humaniora och samhällsforskning. Vi talar inte längre om litteraturhistoria eller litteraturkunskap: litteraturvetenskap skall det vara.

Är allt som glimmar vetenskap? Hur skiljer man å ena sidan riktig vetenskap från falsk, så kallad pseudovetenskap? Detta var det centrala problem som Popper ställde sig i sin ungdom.

I Platons värld är inte bara sanningen objektiv utan även skönheten och moralen. Det sanna, det sköna och det goda hör oskiljaktligen samman. Modern filosofi gör dock en klar åtskillnad. Skönheten sitter som bekant i betraktarens öga, och att lägga en vetenskaplig grund för moralen anses vara något vanskligt, även om sådana ambitioner förekommer.

Den moderne filosofen förväntas vara väl medveten om "the Naturalist Fallacy": sammanblandningen av ett "vara" med ett "böra". Moralen är normativ, och även om den i motsats till estetiken inte i förlängningen kan reduceras till individens tyckande och tänkande, så besitter den ingen objektivitet utöver den sociala gemenskapen. Det är människan som skapar etiken, den är inte given av Gud och den är inte heller förborgad i platonska former som det är vår skyldighet att utlista. Människan kan, när allt kommer omkring, ändra sina egna lagar, men inte naturens, som är givna oberoende av henne.

För den enskilda människan är skillnaden hårfin: hon kan lika lite sätta sig upp mot den mänskliga lagen som hon kan sätta sig upp mot naturens. Pengar utgör en institution som inte har någon mening i avsaknad av en underförstådd kollektiv överenskommelse, men för den enskilde individen utgör bristen på pengar en lika objektiv brist som avsaknaden av föda. En naturlig följd av denna insikt är att även sanningen relativiseras, och därmed går det inte längre att tro på Sanningen med stort S. Att tro på en objektiv sanning är naivt, liksom uppfattningen om den oklanderligt objektive vetenskapsmannen är en myt. Även vetenskapen är likt konsten och moralen påverkad av människor och deras förväntningar. Lika väl som moralen är en social konstruktion så är sanningen det.

Denna uppfattning är givetvis sofistikerad, därmed har den sin förförande charm och det är knappast förvånande att den utanför naturvetarnas krets har blivit högsta mode. Ur en snävt logisk synvinkel måste detta hävdande te sig något motsägelsefullt. Det kan inte vara sant att det inte finns några sanningar, ty då kan inte denna utsaga om sanningar vara sann. Den tyska 1800-talsfilosofen Bernard Bolzano byggde upp en hel filosofi som konsekvens av denna logiska självmotsägelse, men han var inte den förste. Kyrkofadern Augustinus framförde redan på 400-talet ett rent logiskt argument för eviga sanningar i sann skolastisk anda.

Nej, ingenting är som bekant nytt under solen. Detta gäller även modern kunskapsrelativism. Själva ordet sofistikerad låter oss ana antika rötter. Sofisterna, med Protagoras som portalfigur, hävdade i motsats till Platon och hans föregångare, att människan är alltings mått. Ett argument har sitt värde inte i sin förankring i verkligheten utan i sin förmåga att övertyga. Genomslagskraften för denna åsikt illustreras av den vikt som retoriken tillmättes inte bara under antiken utan under hela medeltiden. Och i juridiska sammanhang, för att inte tala om politiska, är retoriken en konst vars syfte inte alltid består i att främja sanningen. Genom övertalning öppnas dörren till allehanda förvrängningar och urartade utvecklingar. Sofisterna framstår, åtminstone i Platons dialoger, som karikatyrer av sig själva – som om de skulle finna ett nöje i att formulera parodier på sina övertygelser, eller snarare bristen på sådana. Dagens sofister går under beteckningen postmodernister. Deras frivola attityder leder inte sällan till ställningstaganden som till förvillelse liknar seriösa filosofers, och detta har åstadkommit åtskillig förvirring även bland dem som borde veta bättre.

Det finns en gren av filosofin som har utvecklat disciplinen vetenskapsfilosofi. Där undersöks vetenskapen systematiskt, kanske till och med ”vetenskapligt”. Vetenskapen kategoriseras och definieras, plockas sönder och sätts samman. Distinktioner görs där ingen skulle kunna misstänka dem, medan man samtidigt gör djärva identifikationer mellan till synes helt väsensskilda begrepp. Det utgör filosofins retoriska stilistik, utan sådana överraskningar skulle filosofiska texter inte kunna engagera. Frågan är om man måste sätta sig in i vetenskapsfilosofin för att överhuvudtaget kunna bedriva vetenskap. Utgör vetenskapsfilosofin en vetenskapligt baserad vetenskapsmanual? Nej, hävdar de flesta vetenskapsfilosofer, åtminstone de med en viss distans till sin verksamhet. Filosofer skall inte lägga sig i hur vetenskapsmännen utför sitt arbete; de är till för att beskriva, inte förändra.

Den kanske mest hyllade och omskrivna vetenskapsfilosofen under 1900-talets senare hälft var Thomas Kuhn. Han lärde att ut de olika vetenskapernas metodiker stod att finna i paradigm. Ett paradigm är ett allomfattande sätt att betrakta verkligheten och utgör den metaförståelse en vetenskapsman har när han går till verket. Det är ingenting som lärs ut, utan något som den begynnande vetenskapsmannen tillägnar sig via osmos under sin lärlingstid och till slut mer eller mindre fullständigt identifierar sig med. Då och då måste vetenskapen ömsa skinn, och vi talar då om ett paradigmskifte. Orsakerna kan vara mångahanda, men de exempel Kuhn framhåller knyter tydligt an till vad vi kommer att beskriva såsom Poppers centrala tes. Ett paradigmskifte är inte mindre än en vetenskaplig revolution (därav titeln på Kuhns kultbok från 1962) och den har vinnare och förlorare. Paradigmskiftet är inte fullständigt genomfört förrän det gamla paradigmets företrädare har dött ut eller på annat sätt marginaliserats. Det är inte fråga om att övertyga gamla meningsmotståndare, detta är i princip ogörligt, ty som nämnts innebär anammandet av ett paradigm en personlig identifikation, så djupt sitter den. Vardagsvetenskap bedrivs inom ett etablerat paradigms domäner och består i att lösa avgränsade problem, i princip inte väsensskilda från de tankenötter som brukar publiceras i tidningar för läsarnas förströelse.

*

Vetenskapen blir således spännande endast när ett paradigm bryts och byts mot ett annat.

*

Denna syn på vetenskapen fick stort genomslag på sin tid. Speciellt appellerade den till det postmodernistiska temperamentet. En vetenskap identifierades inte med dess innehåll och strävan, utan med dess paradigm, som likställdes med en modeföreteelse. Ett paradigm var lika gott som ett annat, en vetenskap lika värdefull som en annan. Att kritisera en vetenskap vore legitimt (för att inte säga meningsfullt) endast inom ramarna för dess paradigm. Med andra ord: den sociala konstruktionen gick före det faktiska innehållet.

Ur logisk synvinkel var denna formalisering av den vetenskapliga aktiviteten ganska naturlig. Man tänker osökt på den tyske matematikern David Hilbert under det tidiga 1900-talet. Begrepp som punkt, linje med flera inom den axiomatiska geometrin berövades av honom all reell innebörd, det viktiga var hur begreppen interagerade med varandra. Och ur en byråkratisk synvinkel är på samma sätt de vetenskapliga aktiviteterna ointressanta, det relevanta är hur de interagerar med varandra. Hilbert var som vardagligt arbetande matematiker ingen formalist till temperamentet, men som matematiker hade han ett bestämt syfte med sin formalisering, nämligen att med matematiska metoder kunna visa de klassiska matematiska teoriernas konsistens. På samma sätt kan ett byråkratiskt förhållande till ett universitets verksamhet vara relevant, förutsatt att det rör begränsade syften. Men om man vill fånga en verksamhets "själ", dess ethos, är formaliseringen förfelad.

Popper och Kuhn framställs ibland som varandras opponenter. Ur en personlig synvinkel kan detta vara sant, båda två kan mycket väl ha haft ambitionen att framstå som den ledande vetenskapsfilosofen. Men ur ett mer filosofiskt perspektiv står de inte i motsatsförhållande till varandra, de belyser bara vetenskapen från olika håll. Kuhn lägger vikt vid det sociologiska för att inte säga det byråkratiska perspektivet, Popper vid det intellektuella. För Kuhn är det faktum att vetenskaps bedrivs av människor det primära, för Popper att det är ett uttryck för människors strävan efter sanningen, och att denna strävan förtjänar att betraktas med största allvar och inlevelse.

Det kan nu vara instruktivt att göra en liten digression och betrakta några exempel. I augusti 2006 bestämde den Internationella Astronomiska Unionen (IAU) att Pluto inte längre skulle kallas en planet utan degraderas till en dvärgplanet, specifikt klassificeras som en plutoid (dvärgplaneter utanför Neptunus bana av vilka på senare tid en uppsjö hade upptäckts). 2009 bestämde svenska kyrkan att arvsynden skulle avskaffas. 1987 bestämde American Psychiatric Association (APA) att homosexualitet inte längre skulle betraktas som en sjukdom. Här har vi tydliga exempel på paradigmskiften genomförda via konsensus av relevanta församlingar med auktoritet. Men är dessa beslut vetenskapliga? IAU's vetenskapliga status är allmänt erkänd, men frågan som behandlas tycks knappast vara vetenskaplig utan utgör en terminologifråga och därvidlag har IAU endast en normerande funktion. Få skulle hävda att svenska kyrkan är vetenskaplig. Beslutet har dock för många individer stor betydelse. När det gäller APA är den vetenskapliga statusen något mera kontroversiell än vad fallet är med de två föregående fallen. Rör det sig om vetenskap? Kuhns sociologiska perspektiv på vetenskapen ger oss ingen vägledning i vår bedömning utan exemplen belyser snarare sanningars "sanna" status såsom sociala konstruktioner. Speciellt är besluten slutna och kan inte ifrågasättas av utomstående ty de argument som anförts är i och med beslutens fattande överspelade. Popper skulle mera se till innehållet än formen. I det första fallet skulle han avfärda det hela som en ointressant definitionsfråga. I det andra fallet skulle han efterlysa innebörden i begreppet arvsynd och ställa sig frågan om inte beslutet främst var ämnat att göra inträdet i svenska kyrkan mera tilldragande, underförstått att de faktiska förhållanden vore ointressanta eller rent av meningslösa. I sista fallet är inte definitionsfrågan lika oskyldig som i fallet Pluto (planeten bryr sig inte) men han skulle hävda att frågan om psykiatrisk sjukdom eller inte knappast är en vetenskaplig utan snarare än politisk fråga, d.v.s. ytterst en fråga om makt. Det tillhör vetenskapens väsen att sanningen är oberoende av vad människor tycker, speciellt spelar de tyckandes expertis och därtill hörande auktoritet ingen roll. Ett beslut fattat av vetenskapsmän är inte automatiskt vetenskapligt En vetenskaplig sanning befästes inte genom omröstning. Ifall den kan så göra är den inte vetenskaplig. Man skall således göra en klar distinktion mellan vetenskapsmän och vetenskap.

*

Vari består då Poppers filosofi?

Frågan kan besvaras kortfattat och enkelt, något som ironiskt nog kan ha legat honom i fatet. Popper hävdar med emfas vidden av vår okunskap, vilket bör göra oss ödmjuka. Vidare säger han att vi aldrig kan uppnå fullkomligt säker kunskap, allt vad vi hävdar är till syvende och sidst förmodanden som i princip kan kullkastas i morgon dag. I det hänseendet skiljer sig inte Popper från postmodernister som menar att all kunskap är relativ. Mera specifikt förkastar han i likhet med David Hume induktionen, eller åtminstone lanserar han en alternativ tolkning av vad det innebär att dra empiriska härledningar. I motsats till positivisterna inom Wienkretsen hävdar han att empiriska utsagor inte kan verifieras, endast motbevisas. Rent logiskt kan man inte, som Hume mycket riktigt påpekade, verifiera ett oändligt antal påstående från ändligt många observationer. (Hur många gånger man verifierar att en svan är vit kan man inte utesluta att man någon gång i framtiden kommer att skåda en svart svan.) Istället för Popper fram falsifieringen. Man kan inte bevisa, däremot kan man motbevisa (förekomsten av en enda svart svan motbevisar det allmänna påståendet att alla svanar är vita.). Om Poppers vetenskapsfilosofi skall sammanfattas i ett enda ord så är det ord som osökt faller en på läppen just ”falsifikation”. Vetenskapliga är bara de påståenden som kan falsifieras, underkännas.

*

Den absurda bokstavliga tolkningen är således den paradoxala att endast falska påståenden kan ha en chans att vara vetenskapliga!

*

Även om den mesta kritiken av begreppet ”falsifiering” befinner sig på en något högre nivå, lider den enligt min mening av att Popper tolkas alltför bokstavligt. Popper är inte ute efter att skapa en metod för vetenskaplig verksamhet. Ytterst förnekar han inte bara existensen av en sådan, utan även att en sådan någonsin kan komma att kunna existera. Poppers allmänna påståenden om vetenskaplig aktivitet kan synas banala och omöjliga att vederlägga (således ej falsifierbara), floskler som ingenting tillför och som är långt ifrån originella. Men verklig originalitet inom filosofi är svår att uppnå. Den engelske filosofen Alfred North Whitehead karaktäriserade en gång den västerländska filosofin som en serie fotnoter till Platon. Filosofer är som poeter, de hämtar sin inspiration från en tradition som de sällan försöker förkasta utan snarare vårda och kommentera. Man associerar osökt till titeln på Harold Blooms bok *The Anxiety of Influence* där författaren skriver om poeters vånda över att inte vara tillräckligt originella.

Den tradition Popper hämtar sin näring ur företrädes inte bara av upplysningsfilosofer som Hume och Kant, den går som redan framhållits, tillbaka till antiken. Speciellt förtjust är han i Sokrates, som gång på gång förklarar att den vise är den som vet att han ingenting vet. Ytterst refererar Popper till Xenofanes, försokratikern och diktaren, som i sin poesi framhävde vidden av vår okunskap, att allt vad vi tror oss veta endast är förmodanden. Under antiken kunde en filosof mycket väl vara en poet, och trots att Platons fördömde poesin i dialogen *Staten*, är det kanske mest som poet han är uppskattad i vår tid. Själv skulle jag vilja påstå att filosofin är vetenskapens poesi. Ett poem går att förstå bara i en kontext, och Popper fann en själsfrände i Xenofanes först sedan han hade utformat sin egen vetenskapliga filosofi och var i stånd att tolka dennes diktfragment.

*

Mitt syfte är att sätta Poppers uttalanden i ett vidare sammanhang, att tolka dem och följa deras förgreningar. Speciellt angeläget är det för mig att visa hur han skiljer sig från postmodernisterna. I slutändan blir detta oundgängligen en filosofisk för att inte säga poetisk kritik, inte en teknisk vetenskaplig, ty en sådan skjuter över målet. Poppers vetenskapsfilosofi är metafysisk till sin natur och icke-vetenskaplig – eftersom den inte går att falsifiera.

BIOGRAFI

En filosofs levnad, likaväl som en konstnärs eller vetenskapsmans, bör vara i princip ointressant, åtminstone när det gäller en förståelse av livsverket, ty ett verk är när det väl har lämnat sin skapare oberoende av denne och bör bedömas helt och hållet utifrån sina egna förutsättningar. Dock är det mänskligt att söka människan bakom verket, att ta del av skvaller. Inom litteraturvetenskapen har detta drivits till sin spets när man försöker finna biografiska förlagor till det som en författare behandlar i sina fiktioner, som vore all litterär fantasi en terapeutisk bearbetning av det egna livet och litteraturvetarens syfte att avslöja slutgiltigt facit och tillhandahålla en yttersta förklaring. I vilket fall som helst kan en summarisk placering av Popper i tid och rum inte vara i vägen.

*

Karl Popper föddes 1902 i Wien i ett relativt välbärgat hem. Samtliga far- och morföräldrar var judiska, familjen hade konverterat till lutherdomen innan han föddes men bör ändå betraktas som väsentligen sekulär. Den judiska identiteten skulle normalt ha spelat en högst perifer roll i hans liv, om den inte så småningom hade blivit påtvingad. I Poppers fall var den förknippad med externa praktiska problem, inte med något inre. Den hade inget som helst inflytande på hans filosofiska aktiviteter. Wien var en multietnisk metropol och en kulturell smältdegel under de decennier som föregick första världskriget. Här blomstrade ett rikt kulturellt och vetenskapligt liv, med namn som Freud och Adler inom psykoanalysen, Joseph Roth, Arthur Schnitzler, Hugo von Hoffmannstahl och Robert Musil inom litteraturen, även en Stefan Zweig som populär tidsskildrare; Klimt och Schiele inom konsten, Mach, Husserl och Wittgenstein inom filosofin, Kraus bland opinionsbildare och journalister, Boltzmann, den geniale fysikern, arkitekten Loos, kompositörer som Rickard Strauss och Arnold Schönberg. Dessa personer verkade inte i isolerade fåror, tvärtom korsbefruktade man varandra, något som i våra dagar eftersträvas på konstlad väg via olika interdisciplinära initiativ.

Den operettliknande miljö där detta utspelades, på kaféer, i hästdroskor och salonger, under operaföreställningar och parkpromenader, med tjänstefolk i vita förkläden, till överdådiga middagar, har i efterhand förlänats en idyllisk charm. Popper föddes för sent för att få del av denna guldålder, när skotten i Sarajevo föll var han en skolpojke som ännu inte kommit upp i målbrottet. Frederna efter kriget innebar ett dråpslag för Wien som efter upplösningen av den österrikisk-ungerska monarkin reducerades till ett huvud utan kropp.

Som tonåring drogs Popper till socialismen och han deltog i gatudemonstrationer. Men marxisternas dogmatism stötte bort honom; sedan dödsfall hade inträffat under en demonstration kände han sig delvis personligen ansvarig och hans aktiva deltagande upphörde. Han förklarar i sin självbiografi att även om man är beredd att gå i döden för sina egna åsikter har man aldrig rätt att kräva att andra skall offra sig för dem. Einstein, vars allmänna relativitetsteori just hade börjat komma i ropet, imponerade på honom genom upphovsmannens ödmjuka kontrast till marxisternas självsäkerhet. Denne hade förklarat att hans tankebyggnad skulle kollapsa som korthus i den händelse framtida experiment skulle strida mot den. Popper bröt med marxismen men skulle livet ut karaktärisera sig själv såsom socialdemokrat, dock med en orubblig tro på den fria marknaden. Medvetet valde han bort den akademiska banan, efter att först ha skrivit en filosofisk avhandling om matematiken och sedan doktorerat i psykologi. Han ansåg sig inte kunna ge några originella bidrag till vare sig matematiken eller fysiken. Istället utbildade han sig till möbelsnickare och engagerade sig i didaktiken, speciellt i utbildningen av funktionsnedsatta barn, och i samband därmed kom han i kontakt med psykoanalytikern Alfred Adler. En inledande hänförelse för vad denne representerade förbyttes snart i skepticism och besvikelse, vilket skulle få ett avgörande inflytande på hans filosofiska utveckling. Liksom Ludwig Wittgenstein verkade han även under en tid som folkskollärare.

Vid denna tid hade en informell filosofisk cirkel bildats i Wien under ledning av Moritz Schlick. Förutom denne deltog bland andra Hans Hahn, Otto Neurath och Rudolf Carnap, med Kurt Gödel och Wittgenstein i periferin. Kretsens klart uttalade syfte var att göra slut på 1800-talets metafysiska palatsbyggande. Det gällde att lägga en fast grund för vetandet en gång för alla, och i detta var de inspirerade av det radikala ifrågasättande och den omformulering av matematikens grundvalar som hade skett en generation tidigare genom Gottlob Frege och Bertrand Russell. Ett sådant projekt förutsatte att man bland alla påståenden rensade bort de meningslösa och koncentrerade sig på de hårda, empiriska. Riktningen har kallats den positivistiska och benämningen har under åren utvecklats till något av ett skällsord. Wienkretsen fick ett brutalt slut i och med att dess ledare, Schlick, mördades på öppen trappa av en av sina misslyckade studenter.

Poppers relation till positivismen är något komplicerad. Carnap brukade skämta om att avståndet mellan honom och Popper var mycket litet, medan tydligen avståndet mellan Popper och honom var ofantligt. Positivisterna, även om de inte accepterade honom i sin krets, såg i honom en själsfrände, fastän inte lika betydelsefull som Wittgenstein vilken de aktivt friade till, och de tog hans kritik som lojal opposition och lät honom publicera sig i deras skriftserie. Popper å sin sida bemödade sig sorgfälligt om att distansera sig från dem, men skulle inte desto mindre under större delen av sin karriär avfärdas såsom positivist, vilket retade honom oerhört. Framförallt accepterade han inte att positivisterna förkastade metafysiken; i själva verket påpekade han att hela deras projekt som sådant var metafysisk till sin natur. (Vilket påminner om den engelske historikern och filosofen R. G. Collingwood, som påpekade "[that] by rejecting metaphysics one thereby makes a metaphysical statement".) Och det rationella tänkandet självt kan inte bekräftas av det rationella tänkandet, det vore att gå i logisk cirkel. Att tro på det rationella är således i sig ett "leap of faith".

Poppers tillvaro i Wien blev politiskt ohållbar i slutet av trettiotalet och han emigrerade till England. Där kom han att betraktas som en obetydlig centraleuropeisk intellektuell, trots att *Logik der Forschung* hade rönt en viss uppmärksamhet när den publicerades 1934, och han fann det svårt att finna en utkomst i det nya landet. Följden blev att han nappade på ett erbjudande i Nya Zealand, där han kom att tillbringa krigsåren. Det var där han i provinsiell isolering författade sitt magnum opus, *The Open Society*, i två band, som blev hans egentliga genombrott. I denna bok lämnade han sin första kärlek, kunskapsfilosofin, och ägnade sig istället åt samhällsfrågor. Hans skoningslösa bedömning av Platons politiska idéer väckte mycket ont blod, medan hans kritik, visserligen sympatisk, av Marx, låg i tiden.

Hans kritik av Platon gick ut på att den fråga han ställde, nämligen vilka som skulle härska, var helt fel ställd. Den riktiga frågan var: hur skall man se till att man kan göra sig av med dåliga härskare utan blodsutgjutelse? Detta ledde till hans övertygelse om att demokratin utgör den minst skadliga styrelseformen – i den mån man alls kan tala om demokrati i den tekniska och specifika meningen av styrelseform. Kritiken av Hegel och Marx riktade in sig på deras visioner om historiens lagar och oundvikliga förlopp. Dessa förkastade han som metafysiskt dravel med skrämmande konsekvenser.

Efter kriget återvände Popper till England och fick anställning vid London School of Economics, till stor del tack vare en annan exil från Wien, ekonomen Friedrich Hayek. *Logik der Forschung* utkom i en rejält utökad engelsk upplaga ett kvarts sekel efter dess ursprungliga utgivning. Därefter kom hedersbetygelser i rad, inklusive ett knighthood 1965, men medlemskap i Royal Society följde först tio år senare. Hans liv skulle visa sig bli långt, kanske för långt, undrade han skämtsamt efter ytterligare en ny upplaga av sin självbiografi *Unending Quest*, och tog slut först 1994. Han var dock verksam och klar i huvudet in i det sista, kommenterande syrligt dagsaktuella händelser i början av 90-talet. Sovjetimperiets fall välkomnade han, men varnade för spridningen av de nukleära vapnen och förordade utan omsvep preventiva krig mot diktatorer av Saddam Husseins slag. Han hyllade det västerländska samhället som det friaste och humanaste och mest välmående som historien hittills skådat, och han beskyllde dess intellektuella för pessimism, gränsande till nihilism. Själv ansåg han det snarast vara en plikt att vara optimist, ty framtiden ligger i våra händer, och vår attityd till detta har betydelse.

Popper var uttalad anglofil. Han hyllade filosofer som Locke, Hume och Russell som värdiga förebilder, även om han underkände deras subjektivt formulerade epistemologi. Han tog avstånd från den tyska filosofiska traditionen och dess romantiska anti-rationalism, särskilt Hegel. Ett undantag gjorde han för Kant, upplysningstidens störste filosof och egentligen tillhörande den anglosaxiska traditionen. Efter sin emigration från Wien publicerade han sig så gott som uteslutande på engelska.

Popper skröt om sitt asketiska levnadssätt, han avstod såväl från alkohol som från tobak, och det spekuleras bland hans levnadstecknare att han möjligen avstod även från äktenskapets mer timliga fröjder. Han var gift två gånger, men ingen av fruarna framträder med någon tydlighet i hans memoarer. Han var kort till växten, och fotografier av honom som äldre, vilket han i princip var större delen av sitt liv, ger närmast intrycket av en gnom. Han framhöll gång på gång intellektuell beskedlighet som en av de främsta mänskliga dygderna. Hur det var med den egna är en annan sak: han var en omvittnat svår och arrogant personlighet, väl medveten om sitt värde, med smått paranoida drag. Att filosofer inte lever som de lär är allmänt omvittnad. Descartes hyllade liksom Popper kritiken men när den drabbade honom själv tog han mycket illa vid sig. Filosofer är människor de också och ofta behäftade med de typiska mänskliga svagheterna. Detta är irrelevant och har endast anekdotiskt intresse. En filosof är endast intressant i vad han lär inte i vad han gör. Med undantag av två landsmän, den redan nämnde Hayek, under vars inflytande han även politiskt satte frihet över jämlikhet, och konsthistorikern Ernst Gombrich, som snällt fogade sig, hade han föga intresse av att upprätthålla varaktiga vänskapsband. Bekantskaper med framstående fysiker som Einstein och Schrödinger uppskattade han däremot.

FALSIFIKATION

David Hume ställde den provocerande frågan hur vi kan lita på induktionen såsom metod. Hur kan vi ur ett antal ändliga observationer sluta oss till en allmän lag? Och hur kan vi vara säkra på att induktiva slutledningar, som har fungerat otaliga gånger tidigare, även framgent kommer att göra det? Samtidigt är Hume på det klara med att vi i dagliga livet ständigt använder induktion och menar inte att vi skall överge den, utan inse att den inte är rationellt baserad. Med andra ord: människan är inte rationell, induktionen är någonting som vi *a priori* förutsätter.

Hume skrev sitt banbrytande filosofiska verk *A Treaty of Human Nature* som ung. Det blev inte läst i någon större utsträckning av hans samtid och ledde inte till den revolution han i ungdomligt övermod hade förväntat sig. När han blev äldre återkom han till sitt ungdomsverk och gav ut en förenklad upplaga som han hoppades skulle få ett större gensvar. Den blev inte heller så mycket mer framgångsrik. Hume är för eftervärlden känd som en av de mest radikala av skeptikerna, men i sitt icke filosoferande liv var han säkerligen lika pragmatiskt godtrogen som alla andra som låter sig tryggt vägledas av det sunda förnuftet och av personligt grundad erfarenhet. Om hans filosofiska verk gick hans samtid förbi gällde detta dock inte hans historiska. Hans engelska historia rönte stor uppmärksamhet, medan den numera är så gott som bortglömd, och vore kanske så helt och hållet om inte för författarens bestående filosofiska rykte.

*

Induktion, i motsats till deduktion, innebär att man från det speciella drar slutsatser om det allmänna. Man erhåller ”ny” kunskap. I deduktionen utgår man från det allmänna och drar slutsatser om det speciella. Det ligger nära till hands att tänka sig att deduktion inte ger någon ny kunskap, utan att all sådan kunskap ligger implicit förborgad. Det är en sanning med modifikation: den springande punkten är vad som menas med implicit. Ett standardexempel på en syllogism, basen för deduktiv slutledning, är premisserna: ”Alla män är dödliga” och ”Sokrates är en man”, vilket ger slutsatsen: ”Sokrates är dödlig”. Den första premissen innehåller betydligt mera information än slutsatsen. Men hur vet vi att alla män är dödliga? I praktiken har vi observerat ett antal dödsfall bland folk omkring oss (dock ej Sokrates), det har även rapporterats om ett otal andra dödsfall (inklusive Sokrates) som inträffat utom räckhåll för oss personligen, i tid och rum. Bland alla människor som fötts före 1850 har ingen påträffats levande idag. Empirin är överväldigande. (Dessutom gäller den inte bara människor utan även djur och alla andra organismer.) Även om tesen ”Alla människor är dödliga” inte är deduktivt bevisad, (och hur skulle vi kunna finna ett deduktivt bevis?), finner vi ingen anledning att betvivla det. Om ett empiriskt faktum bekräftas ett överväldigande antal gånger, finns det ingen anledning att inte godta detta. Många så kallade vetenskapliga fakta bygger på ett långt mindre antal observationer än i det här exemplet: icke desto mindre litar vi på dem. Vetenskap bygger tydligen helt enkelt på att man gör ett *tillräckligt* antal observationer, vetenskapsmannen vet precis hur många som krävs och sanningen är därmed verifierad.

*

Detta är en naiv inställning – hur är lätt att visa.

*

Vi vet att efter dag kommer natt, efter natt kommer dag. Solen går alltid upp för att sedan gå ner, sedan upp igen. Detta har observerats av alla kända generationer; under jordens drygt fyra miljarder år långa historia har detta inträffat mer än en biljon gånger, fler tillfällen troligen än människor som har levat och dött. Mekanikens lagar förutspår att även om dessa händelser kommer att inträffa ett par biljoner gånger till, så kommer de slutligen att upphöra. Jorden kommer likt Merkurius och vår egen måne i förhållande till oss att ha en så kallad bunden rotation, det vill säga rotationen kring dess egen axel och rotationen kring solen kommer att vara synkroniserade och jorden kommer att ständigt visa samma sida mot solen. Så ena halvklotet kommer att ha ständig dag, det andra ständig natt. Varför skall vi tro på detta? Vilar denna övertygelse också på induktion, och är den i så fall mera övertygande än våra vardagliga iakttagelser om den ständigt återkommande soluppgången?

Varje människa har föräldrar som även de är människor, och dessa föräldrar är inte bara av nödvändighet äldre, utan en moder (och fader) måste alltid vara mer än säg fem år. (Två år? Tio år? Det spelar ingen roll så länge vi är överens om att en mänsklig moder eller fader inte kan vara hur ung som helst.) Detta är ett empiriskt faktum väl så etablerat som det att alla människor är dödliga. Om vi är övertygade om det senare, bör vi väl även bli övertygade om det förra? Den logiska konsekvensen är att vi har en oändlig serie av människor som sträcker sig obegränsat bakåt i tiden. (Den första premissen kräver endast att föräldrar alltid är äldre än sina barn, den andra att föräldrar inte kan vara godtyckligt unga, men de kan vara så unga som en sekund!). Detta överensstämmer uppenbarligen inte med etablerad vetenskap. Jordens historia, liksom livets, är ändlig, och den senare har uppkommit genom evolution. Således kan inte denna kedja sträckas godtyckligt långt tillbaka i tiden, även om det är vanskligt att säga när den tar slut, ty begreppet människa visar sig vara betydligt suddigare än vad man först skulle kunna tro, i avsaknad av nu levande närbesläktade hominider. I själva verket: om man betraktar alla människoliknande individer som har existerat är det ogörligt att dra en skarp gräns mellan en modern människa och en föregående hominid. Denna slutsats, liksom den om soluppgångens upphörande, bygger på principer som tydligen trumfar den naiva induktionen. Hur befästes dessa?

*

Vetenskap är inte främst en fråga om att etablera allmänna så kallade vetenskapliga sanningar som är generaliseringar av vardagliga erfarenheter. Den går djupare än så och syftar framförallt till att utarbeta teorier och principer, ur vilka en oerhörd mängd fakta kan utvinnas, långt fler än vad som motsvaras av våra vardagliga erfarenheter. Vetenskapen är således inte en vidareutveckling av vardagslivets epistemologi. Men detta lämnar åter frågan öppen hur dessa djupare liggande teorier och principer kan empiriskt verifieras.

En skeptiker är inte en person som misstror utan, enligt den ursprungliga grekiska betydelsen, någon som förhåller sig kritisk. Något måste vi tro på, om också endast tillfälligt. Poppers radikala ståndpunkt är att allmänna lagar *inte kan* verifieras, de kan endast falsifieras. Att empiriskt verifiera en allmän lag ur enstaka observationer förutsätter att man har tillgång till ett oändligt antal sådana, vilket är en praktisk och teoretisk omöjlighet. En falsifiering, däremot, är möjlig genom en enda empirisk observation.

Ur en rent logisk synpunkt rör sig det första om så kallade förallasatser, medan det andra om existenssatser. För att visa att alla svanar är vita behöver vi förevisa alla svanar, men för att visa att inte alla svanar är vita behöver vi endast förevisa en icke-vit svan. Ett enda faktum kan kullkasta en teori, men en teori kan aldrig bevisas av aldrig så många fakta som talar till dess stöd.

Detta kan synas absurt. Kan teorier bara falsifieras? Är då alla teorier falska? Är det inte vår skyldighet att vinna stöd för en teori, inte att försöka förkasta den? Varje gång vi observerar en svan och noterar dess färg, testar vi en teori, till exempel den att alla svanar är vita. Varje gång vi träffar på en vit svan bekräftar vi teorin, men vi bevisar den inte. En observation av en svans färg utgör ett falsifieringsförsök. Detta må lyckas eller inte. Om det lyckas, det vill säga om vi finner en svart svan, har vi falsifierat teorin att alla svanar är vita, och vi har en gång för alla visat att teorin är falsk. Men om falsifieringen misslyckas, det vill säga om svanen befinns vara vit, betyder det inte att vi kan dra slutsatsen att alla svanar är vita, endast att vi har blivit ytterligare bekräftelse i vår tes at alla svanar av vita och vi har ännu större anledning än tidigare att sätta tilltro till den (precis som vi alla varje morgon vaknar upp stärks i tron på vår odödlighet?) Dock finns möjligheten att en icke-vit svan dyker upp en vacker dag. Därför kan vi endast anta att alla svanar är vita, och ju längre tiden går och ingen icke-vit svan dyker upp, desto starkare blir vårt antagande (och dito angående vår odödlighet?). Vi måste med andra ord utesluta att det skulle kunna finnas någon regel som säger att om vi observerar tusen vita svanar, eller en miljon, så kan vi med visshet sluta oss till att alla svanar är vita. Popper hävdar att allt vårt vetande endast är provisoriskt. Vi kan inte tala om något absolut vetande, endast om förmodanden. Visshet och sanning är två olika saker. Att vara förvissad är något subjektivt, sanning är en objektiv kategori. Sanningen, som av förklarliga skäl inte kan ges en "sann" definition, har helt enkelt att göra med hur saker och ting objektivt förhåller sig. Ett påstående är sant om det överensstämmer med faktiska förhållanden. Denna kanske något förnumstiga definition av sanning har Popper övertagit från den polske logikern Alfred Tarski, som presenterade den i ett mer formellt sammanhang. Och Popper återkommer om och om igen till hur Tarski en gång för alla har klargjort begreppet sanning, och därmed gjort det möjligt att utan förlägenhet referera till det begreppet.

*

För denna oförsonliga hållning mot verifikation har Popper blivit hårt kritiserad. Hans ställningstagande har ansetts vara närmast perverst. Hur kan karl'n inte tro på ett så väletablerat fysiskt faktum som att det finns atomer, någonting som rimligen inte går att betvivla? Popper är väl lika medveten som någon annan om att det rör sig om väletablerade fakta, sådana som har bekräftats gång efter annan, men han håller ändå dörren öppen. I själva verket befinner sig Popper ståndpunkt i överensstämmelse med sunda förnuftet. Vetenskapen gör fortlöpande framsteg, den reviderar sig själv. Detta är historiskt belagt, varför skall vi anta att den *inte* kommer att revideras i framtiden? En uppmärksam läsare ser här ett felslut. Hur kan vi använda induktionen ett flertal observationer om revidering i det förflutna som leder till slutsatsen att sådan revidering kommer att fortgå även i framtiden, när vi har gjort en sådan stor affär av att misskreditera induktionen? Har inte Popper fallit i samma logiska självrefererande fälla som postmodernisten? Men Popper tar klart avstånd från både postmodernism och dogmatisk skepticism. Han påstår att det finns en sanning där ute. En sats är antingen sann eller falsk, och vi har inget inflytande över detta. Sanningen hos en sats är någonting rent objektivt. Popper påstår att vi aldrig kan nå full visshet, vi kan aldrig en gång för alla avgöra om en sats är sann eller falsk. Tarski erbjuder en definition av – inte ett kriterium på – sanning. Teorier kan aldrig slutgiltigt verifieras. Teorier måste testas, varje teori är endast en förmodan som kan behöva revideras. Dock kan vi, genom att testa teorier och förhålla oss kritiska till dessa, finna vägar för att kontinuerligt revidera dessa teorier och på ett så sätt asymptotiskt närma oss sanningen. Detta innebär en tro på framsteg inom vårt vetande. Vårt ofullkomliga vetande skall ses som approximativt. Vetenskapen är ackumulativ, den förkastar inte undantagslöst gammal kunskap, den modifierar den istället.

Detta är mycket starka påståenden. Hur kan de bevisas? Hur kan de motbevisas? De går inte att motbevisa, men det betyder inte att de är sanna, endast att de är icke falsifierbara. Vi kan heller inte motbevisa Guds existens, men det betyder inte att Gud existerar, endast att frågan inte är vetenskaplig. Däremot är påståendet att Gud *inte* existerar vetenskapligt, ty det kan falsifieras genom att man påvisar existensen av en Gud – förutsatt att vi i förväg kan ge en någorlunda objektiv definition av vad Gud är så att vi, när vi finner honom, är överens om att ha funnit honom. Om identifierandet av Gud däremot innefattar en oändlig process är vi tillbaka till ruta ett. Poppers vetenskapsfilosofi bygger på trossatser, i den meningen är den av religiös natur, eller åtminstone metafysisk. Poppers syfte är inte att lansera en vetenskaplig metod för vetenskapen. En sådan finns ej, åtminstone enligt Poppers förmenande. Om den funnes vore den en del av vetenskapen och en del av det den försöker beskriva. Ur en sådan självreferens vore det lätt att generera allehanda paradoxer. Poppers vill leverera en vetenskaplig kritik som är metafysisk till sin natur. Den kan därför inte granskas vetenskapligt, lika lite som frågan om Guds existens. Den som kritiserar Poppers filosofi på grund av dess ovetenskaplighet och dess ogrundade trosbekännelser inviteras att lägga fram sin egen och påvisa dess vetenskaplighet och avsaknaden av ogrundade trosbekännelse.

Den naturliga frågan är ändå: varför skall vi tro på Popper? Kan vi inte lika gärna tro på Gud eller på någon annan metafysisk, icke-falsifierbar vetenskapsfilosofi? Popper (till skillnad från Gud?) begär inte att vi skall tro på honom eller snarare hans teori, endast att vi undersöker hur fruktbar den är, om den står i samklang med våra innersta rationella känslor, om den förklarar någonting och sprider nytt ljus över ett problem.

Platon (och Sokrates) hävdar att kunskap egentligen är någonting som vi alltid har vetat men sedan glömt bort. När vi lär oss något återuppväcker vi bara något som vi alltid har vetat. En bokstavlig tolkning av detta när det gäller vetenskapliga fakta känns lätt konstlad; när det gäller kunskap av mera metafysisk natur, eller konstupplevelser, förefaller en sådan mera relevant. Den som känner sig frustrerad inför Poppers filosofi, just därför att den är icke-falsifierbar, bekräftar det popperska tänkandet! Men för att vara ärlig: ett kritiskt förhållningssätt till den popperska vetenskapsfilosofin är i sig en tillämpning av den, ett försök att falsifiera den genom att ta reda på dess konsekvenser. Men dessa konsekvenser lär knappast vara av den sorten att man kan avgöra om de är objektivt sanna eller falska, snarare huruvida de är fruktbara ur en mera subjektiv synvinkel, det vill säga huruvida de står i samklang med våra inre övertygelser, i vilken utsträckning de förmår att stimulera vårt eget tänkande.

Poppers filosofi är abstrakt, den rör sig med abstraktioner. Russell påpekar det uppenbara att det finns olika typer av substantiv: konkreta, sådana som refererar till ting ute i världen, och abstrakta. Språket gör ingen åtskillnad mellan dem, vilket förleder oss att tro att ingen sådan skillnad existerar, och detta leder, enligt Russell, till en mängd av förvillelser. Poppers vetenskapsfilosofiska principer är av just det slaget. Man kan inte förvänta sig att de skall leda till handfasta manualer om hur vetenskap skall bedrivas i praktiken, därtill är de alldeles för vaga. Däremot kan man undersöka i vilken grad Poppers uppfattning om vetenskapen är korrekt: huruvida föregivna vetenskapsmän som förkastar hans synsätt medvetet eller omedvetet producerar dålig vetenskap. Ur en filosofisk synpunkt är svaret lätt. Individer som är likgiltiga inför sanningen kan aldrig närma sig den, och de är därmed odugliga som sanningssökare och därmed vetenskapsmän. Detta är visserligen ett elegant svar, men även detta något abstrakt, tillämpbart på det mesta. Kan man formulera mera tekniska svar?

ATT FALSIFIERA

Har begreppet falsifikation överhuvudtaget en mening? Föreligger någon verklig skillnad mellan verifiering och falsifiering? Som många kritiker har påpekat: en falsifiering av en sats *P* är samtidigt en verifiering av dess negation –*P*. Med andra ord: det föreligger perfekt symmetri mellan verifikation och falsifiering, och därmed, *ipso facto*, kollapsar hela Poppers filosofi, uppbyggd som den är på distinktionen mellan verifiering och falsifiering. Denna kritik är dock banal, den skjuter över målet och missar poängen.

Elementär satslogik behandlar påståenden som är antingen sanna eller falska. Dessa påståenden kan via logiska konnektiv – ”och”, ”eller”, ”implicerar”, ”negation” – byggas upp av atomära påståenden, som ur logisk synpunkt saknar struktur.[1] Huruvida en atomär sats är sann eller inte har ingenting med logik att skaffa. Logiken träder endast in när sanningshalten av de atomära satserna redan är givna. Dess syfte är då att mer eller mindre mekaniskt producera de formella konsekvenserna. Speciellt gäller att två negationer tar ut varandra. – – *P* är samma sak som *P* och vi har den inledningsvis antydda symmetrin.

Nästa steg är att införa den så kallade predikatlogiken. Denna

1 De logiska konnektiven har visserligen konkreta vardagliga meningar, om än något uppskruvade, att ett falskt påstående implicerar alla påståenden är något förbryllande i vardagssammanhang om än en logisk konsekvens av det sunda förnuftet. Men de kan även via så kallade sanningstabeller ges en exakt mening utan hänvisning till den mänskliga kognitionen.

utmärks av kvantifikatorer och variabler över vilka man kan kvantifiera. En sats med variabler är varken sann eller falsk, sanningsvärdet beror på hur man specificerar variablerna. Man "binder" dem. Satsen *P(x)* given av "*x* är grön" är uppenbarligen varken sann eller falsk, den är öppen. Genom att "binda" variabeln *x* till något specifikt får vi en specifik utsaga, som antingen är sann eller inte. Om *x* är den gröna kaktusen i ditt fönster blir utsagan sann, om däremot *x* betecknar snöflingan som föll på din fönsterkarm är satsen falsk. Men variabler kan även bindas på annat sätt än genom att specificeras. Att specificera en variabel är samma sak som att eliminera den. Men variabler kan bindas utan att elimineras genom att kvalificeras av kvantifikatorer. De två väsentliga är givna av symbolen ∀ som betecknar alla (ett upp- och nedvänt "A") och ∃ som betecknar existerar (ett bakvänt "E"). Satsen "∀*x*: *x* är grön" betyder att alla *x* är gröna. Den har som sådan en sanningshalt utan att man behöver specificera variabeln. Den säger något om alla *x*. Den påstår att alla de specifika individuella satserna "*x* är grön" är sanna. Detta kan ses som en konjugering av alla de enskilda satserna, och eftersom dessa i princip kan vara oändligt många, utgör detta en oändligt lång sats som därmed inte kan formuleras i den enkla satslogiken. Satsen "∃*x*: *x* är grön" betyder att någon av de specifika satserna är sann. Satsen som sådan har återigen en sanningshalt utan att variabeln måste specificeras. Dessa två typer av satser är av fundamentalt skilda naturer. Den ovannämnda symmetrin existerar inte längre. Negationen av en ∀-sats är inte en sats av samma typ utan en ∃-sats. En universell -sats kan aldrig logiskt härledas från rena existenssatser (vi förutsätter att det universum vi betraktar, det vill säga de möjliga specifikationerna av variablerna, är oändligt). Den inre logiska struktur som satser nu begåvas med möjliggör slutledningar. Den syllogism vi inledningsvis betraktat kan nu formuleras som "∀ *x*: *x* är man" implicerar "*x* är dödlig" och "Sokrates är man" implicerar "Sokrates är dödlig". Den inledande satsen är i själva verket en sammansättning av alla satser av typen ”*X* är dödlig” där *X* varierar över alla män; speciellt innehåller den satsen ”Sokrates är dödlig” där *X* är Sokrates.

Den enkla satslogiken är meningslös i ett empiriskt sammanhang. De enda påståenden vi kan bestämma sanningshalten i är de enkla och specifika, som ”Sokrates är död”. Intressanta satser som betecknar generaliseringar till situationer som går långt utöver vår erfarenhet låter sig inte observeras. Visst kan vi till synes göra universella påståenden från enkla observationer. Om du finner din fru i er sängkammare, kan du utesluta att hon befinner sig någon annanstans. Du behöver inte fara till någon planet roterande runt Sirius för att förvissa dig om att hon inte gömmer sig där, speciellt kan du vara förvissad om att hon inte befinner sig i någon annan sängkammare. På liknande sätt: om du finner ett motexempel till en matematisk förmodan kan du sluta att denna förmodan inte kan bevisas. Du kan förkasta ett oändligt antal förmenta bevis utan att ens behöva kasta ett öga på dem. Dessa vittgående slutsatser bygger på gömda antaganden av en universell natur, som således inte kan bevisas. Den första bygger på att individer, speciellt din fru, är unika och inte, i motsats till datafiler, existerar som kopior. Så om du finner en nakenbild av din fru på din dator, kan du inte dra en lättnadens suck och dra slutsatsen att den inte existerar någon annanstans, utan snarare tvärtom ökar risken betydligt för att så skall vara fallet. Den andra bygger på att matematiken är motsägelsefri, det vill säga att falska teorem inte kan bevisas. Skall vi tvivla på den första? Kanske har läsaren inte ens någonsin kommit på tanken att vi kan existera i kopior. Vi talar mera abstrakt om skillnaden mellan individer och information. Inom den artificiella intelligensen anses det att ingen skillnad existerar i förlängningen. Detta har vittgående konsekvenser.

Uppenbarligen är det ett fundamentalt antagande vi gör om världen. Men har vi någon anledning att göra det? Ser vi en fågel i trädgården kan vi inte utesluta att det finns fåglar i andra trädgårdar – ja, kan vi utesluta att det finns fåglar på en planet till Sirius utan att fara dit och inspektera? Kan det vara så att påståendet att individer inte har kopior är ett analytiskt, inte ett syntetiskt påstående? Det ligger helt enkelt i begreppet individ. I så fall kan satsen att min fru inte står att finna på en planet till Sirius inte falsifieras, det är en tautologi, och även om sann, så empiriskt ointressant. Detta kan synas en elegant om än något banal lösning till det hela. Det universella påståendet har reducerats till en tautologi. Men å andra sidan uppkommer ett nytt problem: Hur kan du särskilja din fru från alla kopior av henne? Hur kan du avgöra vilken som är originalet, vilken kopian? Att identifiera en individ kan således inte göras logiskt via en beskrivning utan man måste ta till extralogiska grepp såsom att peka. När det gäller en fru görs detta pekande lämpligen vid bröllopsceremonin, och därefter bör den äkta mannen aldrig lämna sin fru ur sikte, inte ens under sömnen, för att vara säker på att han behåller originalet genom att ständigt peka på henne.

I praktiken betvivlar vi aldrig individens unicitet. Om vi en dag skulle träffa på rena kopior, den dagen den sorgen, då skulle vi tvingas revidera en övertygelse, och alibit skulle inte längre fungera i rättssammanhang. När det gäller matematikens motsägelsefrihet är denna grunden för all matematisk aktivitet. Utan denna övertygelse skulle aktiviteten upplevas såsom meningslös. Motsägelsefriheten hos icke-triviala formella system, det vill säga system som innehåller oändligheten, kan inte logiskt bevisas, vilket är substansen i Gödels berömda ofullständighetsbevis. Motsägelsefriheten är så att säga ett empiriskt faktum som kräver en oändlig induktion över alla möjliga bevis. Det är ett slående exempel på Poppers tes. Matematiskt kan motsägelsefriheten bara falsifieras, aldrig verifieras!

Ett betydligt allvarligare problem är vad som menas med falsifiering. Hela poängen med en falsifiering är att den skall gälla en gång för alla. Att en teori är korrekt är bara en förmodan, däremot att den är inkorrekt är något som gäller för tid och evighet. Varje falsifiering innebär således ett framsteg, ty den utesluter potentiella möjligheter, precis som när vi är vilse i en labyrint och vill finna vägen ut. Att då kunna veta var vi inte skall gå utgör ovärderlig information. Kuhn påpekar i Poppersk anda, att det faktum att vi inte upplever att filosofin i motsats till naturvetenskapen har gjort framsteg sedan antiken beror på att vi aldrig har slutgiltigt förkastat några filosofiska teorier.

Hur skall man således tolka en observation på ett korrekt sätt? En falsifiering tycks ju vara för evigt. Uppenbarligen kommer experimentatorns kompetens in, och den vulgärbild jag inledningsvis skisserade kanske inte är helt missvisande. En allvarlig invändning är: innebär inte en falsifikation att man utnyttjar obevisade teorier? Man säger att ingen observation är helt teorifri. Här måste man inta en pragmatisk hållning. En bokstavlig tolkning av Popper leder omedelbart till problem och motsägelser. Ytterst bottnar detta i logikens tillkortakommande i den förvirrande empiriska verkligheten. Och visst händer det att experiment utförs fel eller feltolkas. Historien är fylld av exempel på detta: falsifieringar som senare visar sig vara oreproducerbara eller rentav helt fel genomförda. Vidare kan en falsifiering göras på många nivåer, men det är svårare att finna ett test som kan utföras på en elementär nivå och därmed kräva mindre kompetens och högre grad av tillförlitlighet. Fungerar teorin om atombomben? Att detonera en sådan är ett effektivt sätt att försöka falsifiera teorin, och man behöver inte vara expert för att utvärdera resultatet. Slutligen finns alltid möjligheten att rädda en teori från att falsifieras genom att lägga till *ad-hoc* hypoteser. Exempel på sådana, så kallade immuniseringsförsök, är legio.

Men Popper hävdar att det är just *försöken* att formulera falsifierbara tester som driver vetenskapen framåt. Till detta skall vi återkomma.

MATEMATIKEN

SOKRATES: Och vad gäller den oenighet som skapar dessa fiendskaper och vredesutbrott, käre vän. Låt oss tänka efter! Om du och jag blev oeniga om siffror och inte kunde enas om vilken av två mängder som var störst, skulle den oenigheten göra oss till fiender och få oss att vredgas på varandra? Skulle vi inte snarare sätta igång och räkna och snabbt försonas om saken?
EUTHYFRON: Jo, visst.
SOKRATES: Och om vi blev oeniga om vad som är längst och kortast skulle vi väl också sätta igång att mäta och snart upphöra med oenigheten?
EUTHYFRON: Ja.
SOKRATES: Och nog tror jag att vi skulle sätta igång att väga och på så sätt avgöra en tvist om vad som är tyngst och lättast?
EUTHYFRON: Javisst [2]

(Sokrates fortsätter med att tala om det goda och det onda, det sköna och det fula, det rätta och det orätta, som saknar denna objektiva grund.)

2 Platons dialog: Euthyfron, 7b-7d, Jan Stolpes översättning

*

Popper ägnar inte matematiken mycken uppmärksamhet utom möjligen såsom motexempel till hans diktum att ingenting går att slutgiltigt bevisa eller verifiera, med förbehållet att priset för detta är truismen. Är matematiken falsifierbar, och om inte: är den då en vetenskap överhuvudtaget? Märk väl att dess ovetenskaplighet i så fall inte beror på att den inte är sann och korrekt, utan helt enkelt *för* sann och korrekt. Den kan inte betvivlas, följaktligen är dess sanningar frukten av analytisk nödvändighet och den besitter inget empiriskt innehåll. En truism med andra ord. Detta är en uppfattning som är relativt utbredd bland vetenskapsmän som inte är matematiker, särskit bland praktiskt experimentellt orienterade fysiker och även bland en del filosofer.

I den elementära matematiken träffar man på uppenbara förhållanden som man näppeligen kan betvivla, som att 2+2=4 inom aritmetiken och att de två diagonalerna i en rektangel skär varandra inuti rektangeln inom geometrin. Vidare kan man genom att resonera logiskt från vissa uppenbara sanningar (axiom) härleda slående fakta som att till varje samling primtal kan man lägga till ett nytt primtal (vilket även kan formuleras som att antalet primtal är oändligt) eller att kvadratroten ur 2 är irrationell eller den välkända Pythagoras sats. Dessa bevis är så enkla och slående att var och en som träffar på dem inte kan annat än slås av skönheten och oundvikligheten, vilket var en av orsakerna till att den kände engelska matematikern G. H. Hardy inkluderade dem i sin *A Mathematician's Apology* – en bok som är minst lika kontroversiell som uppskattad i och med att författaren argumenterar oförblommerat för en ren och tillämpningsfri matematik. Den visshet man erhåller inom denna är så slående att den har engagerat filosofer i alla tider. Upplevelsen är inte olik den som beskrivs av Platon när man i minnet återuppväcker glömd kunskap.

Matematiken har länge ansetts som ett föredöme när det gäller säker kunskap. Den deduktiva logiken är oundviklig i motsats till det induktiva resonerandet. Med den engelske historiefilosofen Collingwoods ord: ”Deduction compels, induction permits.” Och det är mycket betecknande att medan kontroverser råder inom vetenskapen om vad som gäller eller inte, visar matematiker upp en frapperande konsensus om vad som är sant och vad som är falskt. Visst kan det förekomma skilda uppfattningar, alla är vi ju felbara, men sådana uppfattningar brukar ganska snart upplösas i och med att den ena eller andra parten inser sitt misstag. Och det inte minst viktigt är att detta sker utan ”hard feelings”, precis som i dialogen ovan. Man tar det inte personligt utan ser det som ett sakernas objektiva tillstånd.

*

Vad är det som matematiken har som inte de övriga vetenskaperna besitter? Det uppenbara svaret är den axiomatiska framställningen och det klara språket som inte kan missförstås. Det är en gammal dröm att utveckla ett sådant precist språk även för filosofin, underförstått att filosofiska kontroverser till största delen, om inte uteslutande, bottnar i språkliga missförstånd – att man helt enkelt är oense eftersom man talar om olika saker utan att vara medveten om det. Det kan gå så långt att språket självt missleder oss, något som ju den sene Wittgenstein hävdade. Men redan Leibniz på sin tid drömde om en kalkyl, vilken skulle göra det möjligt för två parter att närhelst de blev oense sitta ner och räkna och se vem som hade rätt.

Betraktar man den axiomatiska framställningen närmare så sönderfaller utgångsantagandena i två kategorier. Vi har dels vad grekerna benämnde postulaten, vilka utgör den syntetiska informationen, exempelvis att genom två punkter går precis en rät linje, eller att genom en punkt går precis en rät linje parallell med en given; dels de egentliga axiomen som rör de tankeprinciper som ligger till grund för de logiska resonemangen och som är svårare att isolera och formulera eftersom de utgör det självklara medium genom vilket vi tänker. Man kan säga att dessa utgör den analytiska komponenten. Vidare har vi odefinierbara begrepp, som i geometrin linjer och punkter, implicit givna genom de regler de är underställda. Den deduktiva härledningen har en riktning, vi utgår från det enkla och det välkända till det nya och mera komplicerade. Genom vårt logiska resonemang erövrar vi världen, eller åtminstone vår kunskap om världen. Deduktionen erbjuder en stege, varje ny erövring kan tjäna som fast grund för en ny utgångspunkt. Men hur vet vi att vår kunskap är korrekt, att den överensstämmer med de faktiska förhållandena? Hur vet vi att våra ursprungliga syntetiska postulat och analytiska tankemönster är korrekta och med sanningen överensstämmande? Vi befinner oss i samma situation som de som försöker förklara jordens stabilitet, via spekulationer om att denna står på en sköldpadda som i sin tur... Den klassiska geometrin misstror sinnenas vittnesmål. I själva verket är själva vitsen med den deduktiva processen att frigöra oss från vårt beroende av våra sinnen. I det matematiska tänkandet förmår människan att höja sig från sin jordbundenhet och blicka in i Platons rena idévärld, ty den yttersta garanten för axiomen, de syntetiska såväl som de analytiska, är den gudomliga intuitionen.

Men kan man lita på intuitionen? Den leder oss fel ibland, ja själva den deduktiva processen uppenbarar sanningar som strider mot vår intuition. Den avslöjar sanningar som våra ögon förnekar men som inte desto mindre är grundade genom en deduktionskedja som länk för länk förefaller att vara obrytbar. Är vi inte då tvingade att snarare tro på kedjan än på ögat? Deduktionen är betvingande.

Detta visar på en viktig egenskap hos det deduktiva systemet. Det går utöver människan. Människan må ställa upp axiom som är förenliga med hennes djupaste övertygelser, men när väl detta system är skapat lever det sitt eget liv. Det blir till ett fysiskt objekt bortom vår kontroll. Denna syn på det deduktiva tänkandets autonomi blev inte fullt utvecklat förrän vid sekelskiftet 1900. Cantors naivt formulerade mängdlära gav upphov till antonomier, varav den mest kända är den av Russell formulerade och lanserade mängder av mängder som inte innehåller sig själva. Detta ledde till en kris, inte för matematiken per se, men för dess och själva tänkandets grundvalar. En av konsekvenserna blev att ge en ännu striktare struktur åt matematiken. Hilbert gav en mera rigorös axiomatisk utläggning av den euklidiska geometrin och dess varianter. Den betonade geometrins instrumentella aspekter. De syntetiska axiomen vilade inte längre på någon intuition: de var helt enkelt fritt svävande antaganden. Svårare var att axiomatisera det analytiska tänkandet: istället insågs nödvändigheten att skilja mellan ett grundspråk, axiomsystemets, och metaspråket, där vi talar om språket. Odefinierade intuitiva begrepp som punkter och linjer, som suggestivt hade beskrivits av Euklides, antogs inte längre ha någon mening: de definierades helt enkelt instrumentellt av de syntetiska axiom där de förekom. Ett axiomsystem förväntades inte längre ha någon empirisk förankring, ingen verklighetsanknytning; inte heller var det sant eller falskt i någon direkt vardaglig mening, sanningen var helt enkelt en konvention, åtminstone när det gällde grundantagandena.

Matematikern åtnjöt en till synes obegränsad frihet att skapa nya axiomsystem. Matematiken förvandlades från att vara ett allvarligt sökande efter sanning i Platons anda till ett närmast cyniskt spel. Hur kan reglerna för ett spel vara sanna eller falska? De är konventioner. Men ett spel lever sitt eget liv, det kan vara intressant eller trivialt. Det kan leda till invecklade strategier och begrepp som går långt utöver reglerna. Tänk bara på de förhållandevis enkla reglerna i schack, eller ännu hellre go, och de intrikata begreppsapparater som utvecklats för att beskriva sätten att spela dem! Ett spels regler må vara uppfunna av människor, men det betyder inte att människor behärskar alla dess konsekvenser. Axiomsystem utgör speciella typer av spel och deras viktigaste egenskap är den interna konsistensen, att motsägelser inte kan härledas, ty så fort en motsägelse härleds innebär detta enligt hävd att allting är möjligt. Allting är sant ty implikationen att en falsk sats medför en sann är en korrekt implikation, enligt sanningstabellens definition. Axiomsystemet kollapsar. Ett sådant axiomsystem är helt ointressant, medan ett motsägelsefritt axiomsystem utgör en egen konsistent värld, sann i sig själv.

I viss mening blir frågan om axiomsystems konsistens både en empirisk och en matematisk fråga. Det axiomatiska systemet blir till ett objekt i sinnevärlden. Deras konsistens blir en vetenskaplig fråga och har ingenting att göra med att det är skapat av människor. En viss framgång när det gällde att undersöka konsistensen röntes genom så kallade relativa konsistensbevis. Den typiska strategin är att modellera axiomen, att helt enkelt ge konkreta innebörder till de objekt vars egenskaper axiomatiseras. Den plana sfäriska geometrin, som vi kommer att möta tillsammans med den hyperboliska i nästa kapitel kan modelleras genom att betrakta en sfär i det tredimensionella euklidiska rummet och definiera linjer som storcirklar och ge lämpliga och mer eller mindre uppenbara definitioner av längder och vinklar. Mindre uppenbart är att den plana hyperboliska geometrin likaledes kan modelleras i planet, genom att betrakta cirkelbågar som skär en given cirkel ortogonalt. Poängen är att varje motsägelse i det modellerade systemet leder till en motsägelse i det givna, i detta fallet, det euklidiska systemet.

Med andra ord: om vi av en eller annan anledning är övertygade om det euklidiska systemets motsägelsefrihet, tvingas vi dra slutsatsen att även de alternativa geometriska systemen är motsägelsefria, hur absurda vissa av dess satser än må förefalla oss. Den euklidiska geometrin kan vidare så att säga aritmetiseras, genom att punkter tillordnas talpar (i det plana fallet) och linjer ges av linjära ekvationer. Till slut har vi reducerat frågan om geometriers konsistens till huruvida de etablerade axiomen Peano-axiomen, för de naturliga talen är motsägelsefria.

En strategi att visa matematikens motsägelsefrihet är att grunda matematiken på logiken. Detta var logikern Gottlob Freges ambition, och den vidareutvecklades av Russell och Whitehead. Russell företrädde uppfattningen att matematiken var helt och hållet analytisk till sin natur, att matematiken inte var någonting annat än en räcka tautologier, en attityd som övertogs av den matematiska oskulden Wittgenstein. Russells och Whiteheads strävanden resulterade i *Principia Matematica*, ett verk som fullkomligt brände ut dess författare. Russell var därefter oförmögen att bedriva någon form av förstklassigt intellektuellt arbete, men erkännas skall att även en stympad Russell var en intellektuell jätte. Matematikern Hilbert iscensatte ett mer fruktbart angrepp genom att istället försöka basera logiken på en matematisk grund, något som i viss mån föregripits av den amerikanske logikern C. S. Pierce, som hävdade att de naturliga talen var av mer fundamental natur än den mänskliga logiken. Hilbert har ofta beskrivits som en formalist, men detta är missvisande: mer än någon annan klargjorde han visserligen formalismens natur, men hans avsikt var specifik, nämligen att med matematiska metoder deduktivt bevisa matematikens motsägelsefrihet.

Gödel fullföljde Hilberts program till fulländning genom att visa att det var ogenomförbart. Detta är innebörden i hans berömda ofullständighetssats som säger att ett tillräckligt rikt axiomatiskt system inte kan bevisa sin konsistens, såvida det inte är inkonsistent, ty då kan det bevisa allt möjligt, inklusive sin egen konsistens. ”Tillräckligt rikt” innebär att det inom sig kan formalisera de naturliga talen, med andra ord: att det talar om oändliga system. Hans strategi var just att basera logiken på de naturliga talen, att kodifiera logiska satser med tal, den så kallade Gödelnumreringen och därmed kunna tolka logiska utsagor som påståenden om naturliga tal, så att säga aritmetiska utsagor. Han lyckades på detta sätt nästan identifiera metaspråket med språket självt och att tala om en aritmetisk sats bevisbarhet samtidigt som han kunde tolka den som vilken annan aritmetisk sats som helst. Med andra ord: en sats om aritmetiska satser formuleras som en aritmetisk sats.

Detta är tillräckligt för att han skall, via ett metaförfarande, ge exempel på sanna satser som inte kan bevisas och speciellt visa att satser om ett systems konsistens är av just den typen. Beviset är subtilt i den meningen att det kopplar samman olika nivåer av mänskligt tänkande från det metafysiska till det mekaniskt-logiska, men i jämförelse med de flesta andra matematiska bevis av djupa satser förvånansvärt tillgängligt och kräver ingen teknisk apparat. I princip skulle en klipsk gymnasist kunna förstå de. Och många klipska gymnasister har säkert gjort det, till skillnad från Russell och Wittgenstein, vars kommentarer föranledde den annars blide Gödel att brista ut att antingen låtsades de vara korkade eller så var de helt enkelt korkade. Det transcendentella i beviset består i att läsaren uppmanas att i sitt sinne gå igenom ett oändligt antal fall, en prestation som inte kan kodifieras i ändliga termer.

*

Gödels bevis sköt i sank positivisternas program att definitivt grunda kunskapen deduktivt. Positivisterna i Wien hade som mål att utveckla ett formellt språk som ytterst förankrades i den empiriska verkligheten. Deras ambition var att göra en klar åtskillnad mellan å ena sidan vetenskapliga och meningsfulla satser och å andra sidan de meningslösa, särskilt de metafysiska. Popper hävdade att denna ambition inte kunde förverkligas. Hans ambition var att demarkera vetenskapen från ickevetenskapen, utan att för den skull hävda att allt som inte var vetenskapligt var meningslöst. Tvärtom: konsten, litteraturen och metafysiken själv är exempel på icke-vetenskapliga aktiviteter som är i högsta grad meningsfulla. Som Popper påpekade var hela projektet metafysiskt till sin natur. Man kan även återigen påminna om Collingwood som anmärkte att de som förkastar metafysiken gör i och med detta ett metafysiskt ställningstagande.

Gödels sats har haft förvånansvärt liten inverkan på matematiken, bortsett från att den har stimulerat till att söka efter matematiskt intressanta, oavgörbara satser, som dock än så länge har befunnit sig i den matematiska marginalen. I själva verket är det något av ett mysterium att de centrala matematiska satserna tycks vara avgörbara. Som Hilbert uttryckte det: ”Wir wollen wissen, wir werden wissen” (Vi vill veta, och [därmed] kommer vi att veta). Med tillägget att i matematikens värld existerar ingen okunnighet; allt kan vetas. Vilket är en sanning med viss modifikation.

Däremot har Gödels sats haft filosofiska konsekvenser, som Poppers, vilket har lett till en hel del så kallad ”hype”, ett urval av vilka den framlidne svenske logikern och datalogen Torkel Franzén förtjänstfullt utrett i sin bok om ”bruk och missbruk” av Gödels sats. Visst kan konsistens bevisas, till priset av ytterligare antaganden, vars inneboende konsistens kan betvivlas men sanktioneras av ytterligare antaganden och så vidare. Återigen samma gamla historia med sköldpaddor. Men framför allt: Gödels sats förutsätter ett väldefinierat formellt sammanhang. Det är således något suspekt enligt Franzén att hävda att den mänskliga hjärnan via Gödels sats bevisar sin icke-algoritmiska natur. Med andra ord: det mänskliga intellektet och därmed dess medvetande kan inte återskapas i en dator. Detta betyder inte att det trots allt kan återskapas i en dator, bara att man kan inte, som bl.a. Penrose gör, åberopa Gödels sats, för att bevisa omöjligheten därav. Man skall vara försiktig med att tillämpa satsen bokstavligen i icke formella sammanhang. Dock finns det ingen anledning, enligt min mening, att förkasta det metaforiska användandet av Gödels tekniska sats i ett vidare filosofiskt sammanhang ty filosofin liksom poesin livnär sig på metaforer, så länge man är medveten om att det rör sig om metaforiska tolkningar som inte skall tas för bokstavligt.

Ett påtagligt exempel på ogörligheten att axiomatisera vetenskapen är försöken att formellt kodifiera kvantmekaniken ett problem som för övrigt sysselsatte Popper och där hans bidrag närmast var av amatörmässigt slag. Kvantmekaniken har inte på ett logiskt sätt kunnat sammankopplas med Einsteins allmänna relativitetsteori, ej heller frigöras från interna motsägelser. Fysikerns nonchalanta attityd gentemot rigoröst tänkande och precisa beskrivningar av olika objekt brukar förfasa matematiker. Ingenting tyder på att dessa svårigheter kommer att vara av tillfällig natur. Som den ryske matematikern Yuri Manin har uttryckt det: I och med 1900-talets inbrott divergerade matematiken och fysiken. Matematiken blev introvert och engagerade sig i tänkandets natur, medan fysiken blev extrovert och vände sig mot verkligheten. Av dessa två berg- och dalbanor, var enligt Manin, den som fysikerna valde den mest spännande.

Men aversionen mot det deduktiva tänkandet och mot axiomatisering har en betydligt längre historia, och belackarna behöver knappast ha haft Gödel som väckarklocka. Den västerländska filosofin divergerade i och med romantikens motreaktion mot upplysningens förnuftstänkande. Kant var, enligt Popper, den siste store tyske filosofen, medan Hegel var en total katastrof vars elakartade inflytande har förgiftat tänkandet under de sista två seklen. Den klassiska filosofiska traditionen utmynnade i den analytiska filosofin, huvudsakligen företrädd i den anglosaxiska akademiska världen, medan romantikens motreaktion ligger något förenklat uttryckt som grund för den så kallade kontinentala filosofin, vars akademiska bas står att finna i Tyskland och Frankrike. Under det att Popper tar avstånd från den naiva och okritiska rationalismen, som den kommer till uttryck i positivismen, tar han ännu starkare avstånd från den irrationalism som främst den kontinentala filosofin anammat. Dialektiken förkastar han som totalt meningslös åtminstone om man tar den bokstavligt, det vill säga på orden, och någon annan möjlighet står enligt Popper inte till buds så länge man förbinder sig till sakligt tänkande.

Det formella språket gör språket till ett objekt och att manipulera det är liktydigt med att utföra beräkningar. Samtidigt som formella språk utvecklades började man tänka djupare på begreppet beräkning. Föregångsmän var Alfonzo Church och Alan Turing, som oberoende av varandra kom fram till vad som skall utgöra den allmännaste formen av en beräkning. Det visade sig att deras mycket olika angrepp på problemet ledde till helt ekvivalenta beskrivningar, och det är nu allmänt erkänt att de utgör det uttömmande svaret på vad som utgör en beräkning. Detta är, vilket bör påpekas, ett metafysiskt påstående. Turings beskrivning är den enklaste och den mest pedagogiska samt framför allt den mest fruktbara och innebär egentligen en beskrivning av vad datorprogram är via hans idealiserade Turingmaskin. Radikalismen i hans beskrivning bestod i att det egentligen bara finns en Turingmaskin liksom det endast finns ett datorprogram – den universella Turingmaskinen som, likt det universella programmet, konstruerar alla möjliga Turingmaskiner respektive alla möjliga program.

Denna tankegång ledde till lösningen av det så kallade *Entscheidungs*-problemet (beslutsproblement): Vissa beräkningar slutförs ej utan fortätter i det oändliga. Ett elementärt exempel är division med noll, som fick gamla mekaniska räknesnurror att överhetta och brinna upp. Andra exempel är betydligt mera subtila, och det är av principiellt intresse att kunna avgöra i förväg huruvida en beräkning eller ekvivalent ett program kommer att avslutas efter ett ändligt antal steg, utan att behöva utföra den potentiellt oändligt långa beräkningen. Svaret är negativt och intimt förknippat med Gödels ofullständighetssats, och dessutom är den avgörande bevisidén densamma, nämligen den art av självreferens som går under namnet Cantors diagonalförfarande och som har rötter i antiken. Man kan helt enkelt betrakta det deduktiva tänkandet som en mekanisk beräkning och föreställa sig att man systematiskt "beräknar" alla logiska följder av en given mängd axiom tills man stöter på en motsägelse. Om detta program stannar är systemet inkonsistent, och hade *Entscheidungs*-problemet haft en positiv lösning hade man kunnat avgöra detta i förväg utan att behöva tillgripa denna systematiska prövning som i princip kan fortgå i det oändliga.

När Turing och Gödel presenterade sina idéer på 1930-talet, det årtionde som har varit det mest omvälvande i logikens historia, fanns ännu inga elektroniska datorer, dessa skulle utvecklas först under det påföljande decenniet, men den teoretiska grunden var lagd. Som redan påpekats är det formella språket i sig ett objekt och med datorn kan detta objekt fysikaliskt realiseras. Ur idéhistorisk synvinkel var det en lycklig tillfällighet att den teknologiska utvecklingen inom elektroniken hade kommit så långt. Den moderna realiseringen av den universella Turingmaskinen hade varit en omöjlighet om den hade baserats rent mekaniskt genom hjul och kuggar. Och omvänt har den teoretiska möjligheten av datorn i sin tur påskyndat den elektroniska utvecklingen, som under en lång följd av år bokstavligen varit exponentiell, men som förr eller senare bör stöta på patrull, eftersom det finns en övre gräns för ljusets hastighet och undre gräns för partiklars storlek.

Det deduktiva tänkandet är således rent mekaniskt och det kan framgångsrikt implementeras fysiskt, men dessutom är den fysiska implementeringen en förutsättning för att kunna tilllämpa det i den skala den förtjänar. Men är allt vårt tänkande ytterst mekaniskt? Tanken är för de flesta av oss motbjudande. Vi vill gärna tro att vårt tänkande är "besjälat". En konsekvens av att se det deduktiva tänkande som mekaniskt är uppfattningen att det inte leder till någon ny kunskap, all kunskap är förborgad i de antaganden som ligger till grund för det, med andra ord i axiomen. Känner man till axiomen återstår i princip bara beräkningar.

Ett renodlat exempel på detta är Laplaces påpekande att ett intellekt som känner till alla partiklars lägen och hastigheter i ett visst ögonblick kan, via Newtons lagar, känna till framtidens konfigurationer lika väl som det förflutnas – ett argument som ligger till grund för determinismen, under antagandet att Newtons lagar beskriver alla fysikens dynamiska förlopp samt att materiens konfigurationer bestämmer allt, den så kallade materialismen. Ett annat exempel är påståendet att den som känner till schackets regler känner till allt vad man behöver veta om schack, ty en sådan individ kan i princip tänka sig alla möjliga schackpartier och därur veta allt som har med schack att göra. Och vidare: den enkla algoritm som går under beteckningen Eratosthenes såll producerar alla primtal, men frågan om primtalens asymptotiska fördelning är kopplad till en av den moderna matematikens djupaste problem, den så kallade Riemann-hypotesen. En algoritms skenbara enkelhet är ingen garant för att den endast genererar trivialiteter.

Ett sätt att göra dessa idéer formellare och därmed mera manipulerbara är att, likt den ryske matematikern Kolmogorov, tala om informationsmängden hos en mängd data såsom minimallängden på de program som genererar datat och då inkluderar vi självfallet inputen i programmet, och därav tycks mer eller mindre tautologiskt följa att informationsmängden av de teorem som kan härledas ur ett givet antal axiom inte kan överstiga informationsmängden i själva axiomen. Men denna definition bortser för det första från en viktig aspekt, nämligen hur lång tid det tar att generera datat, det vill säga hur många steg som krävs i programmet. Och för det andra att informationsmängden i en delmängd vida kan överstiga informationsmängden i mängden själv. Ett typexempel är Jorge Borges babelska bibliotek. Det är trivialt att generera alla möjliga böcker, som Borges gör i sin klassiska historiett, det är bara att skriva upp alla möjliga kombinationer av bokstäver, vilket enklast kan göras genom att generera alla tal. I Borges bibliotek innehåller biblioteket som sådant knappast någon information, däremot enskilda böcker, men dessa är svåra att finna. Man kan spekulera över om Borges har varit klar över denna distinktion. Att inte förstå distinktionen är att tro att deduktion inte leder till ny kunskap.

Den instinktiva avsky många människor upplever inför materialismen bottnar i känslan av att tillvaron reduceras till något trivialt och närmast innehållslöst och att den därmed själv måste vara trivial och innehållslös. Många människor skulle säkert finna tröst i att bli upplysta om att levande varelser som de själva är uppbyggda av ett annat slag av partiklar än de som bygger upp den döda själlösa materien. Det finns till och med en gren inom filosofin som hävdar att även atomer besitter ett rudimentärt mått av medvetande, med andra ord att medvetandet inte är ett fenomen som först uppträder i tillräckligt komplexa sammanhang utan är manifest i de minsta beståndsdelarna. Den grundläggande tanken är återigen att något komplext inte kan uppstå som inte redan återfinns i antagandena – och speciellt att något så komplext som ett medvetande inte kan uppstå om det inte redan är förborgat i grundelementen. Mozarts musik väcker känslomässiga reaktioner hos många människor även bland sådana som tekniskt sett är omusikaliska; skall man därav dra slutsatsen att alla dessa känslor var förborgade hos kompositören själv och hans musik helt enkelt var ett försök medvetet eller omedvetet, att kommunicera dem? Eller kan man tänka sig att han var en musikalisk virtuos för vilken komponerandet var en barnlek och inte alls förknippat med några djupare känslor, utan dessa ligger helt och hållet i åhörarens öra? Med andra ord: skulle axiom kunna generera fenomen som inte är inneboende?

Popper hävdar i sin självbiografi det senare. Ett musikstyckes känslomässiga kraft står inte att finna i kompositören utan i stycket. Det är inte så att kompositören rör stycket, utan snarare stycket som rör kompositören, som Popper uttrycker det och citerar Haydn, som inför en uppsättning av hans *Skapelsen* hänförd föll i gråt och bedyrade att han inte kunde ha skrivit den, ty den var alltför vacker.

Med detta vill jag hävda att matematiken inte intar den särställning inom vetenskaperna som Popper mer eller mindre explicit tillskriver den. Det matematiska språket är inte alls lika formellt som det borde vara för att möjliggöra en mekanisk deduktion, även om det i princip skulle kunna formaliseras för sådana uppgifter. Endast enklare bevis har formaliserats till den grad att de kan mekaniskt verifieras, och visserligen föreligger det ambitioner att göra så även för mera komplicerade bevis, men när det gäller de djupare satserna, som klassificeringen av ändliga grupper, vore detta praktiskt ogenomförbart[3]. Matematikern i sitt eget tankearbete är inte en formalist utan uttrycker sig informellt.

Övertygelsen att resultat skall vara korrekta grundar sig i praktiken inte på deduktionskedjor: dessa är ofta alltför långa och komplicerade för att man skall kunna kontrollera dem; utan matematikern resonerar framåt och ser hur resultaten harmonierar med andra resultat, och om de förklarar dessa på ett nytt och bättre sätt, är han benägen att anta resultatet åtminstone provisoriskt. Dock är det relativt ovanligt att resultat måste omprövas. Matematiska resultat beror inte på teorier som visar sig vara defekta: det faktum att ett matematiskt resultat kan bevisas på helt olika sätt, via olika teorier så att säga, har ingenting att göra med vilken av dessa teorier som är den "rätta", det bara bekräftar hur väl matematiken hänger ihop. I

3 Bortsett från att subtila principer implicit utnyttjas som är svåra att formulera, erbjuder tiotusentals komprimerade sidor i matematiska tidskrifter en utmaning på rent praktiska grunder som är överväldigande.

den mån man skall tala om omprövningar inom matematiken rör det närmast den nödvändiga graden av rigorositet. Formella krav på korrekthet i bevis har ändats med tiden. De matematiska bevis som en virtuos som Leonard Euler presenterade på 1700-talet, eller den geniale indiske autodidakten Ramanujan vid förra sekelskiftet, skulle aldrig godkännas nu. Detta betyder inte att deras satser är fel, oftast kan deras fragmentariska bevis fullbordas, eller helt nya bevis konstrueras. En matematiker som vill kontrollera korrektheten av ett längre argument gör det inte genom att steg för steg som en maskin bekräfta alla led: han försöker istället ”falsifiera” genom att dra de yttersta konsekvenserna av argumenten.

FYSIKEN

Logiken är väl lämpad för matematiken. Matematikens begrepp är definierade och det går att producera en rik mängd av matematiska utsagor vilkas sanningshalt man på ett okontroversiellt sätt kan avgöra. Matematiken om något ger en fast grund för säker kunskap, och just av den anledningen har den spelat en viktig roll inom filosofin. Som vi redan påpekade ägnar Popper inte matematiken något större intresse, han nöjer sig med att i förbigående hävda att man aldrig, med möjligt undantag av matematiken och dess rent deduktiva metod, kan finna säker kunskap. Att detta är en sanning med modifikation har vi redan klargjort. Klart är vidare att matematiken har varit en förebild och att vägen till säker kunskap har setts som en matematifiering av den empiriska verkligheten, i meningen att begrepp skall ges strikta definitioner och utsagor skall formuleras genom ett formellt språk som inte tillåter tvetydigheter. Men matematiken kom inte först, åtminstone inte i den formella abstrakta, från den empiriskt grundade vetenskapen frånskilda aktiviteten vi nu betraktar den som, utan den avsöndrades och isolerades från den förra gradvis.

Den deduktiva metoden föddes med grekerna och dokumenterades i Euklides verk. Man utgår som bekant från ett antal axiom och postulat som anses självklara och givna och förväntas bli accepterade utan diskussion. Axiomen har att göra med intuitiva tankemönster, medan postulaten utgör syntesen av uppenbara empiriska sanningar. Vitsen är nu att med ren tankekraft generera nya fakta som ligger förborgade och som inte alls är lika påträngande uppenbara. Denna möjlighet att enbart med tanken betvinga verkligheten är hänförande och därmed ytterst förförisk. Det ger en känsla av kraft och makt i förening med skönhet som går utöver allt annat mänskligt. I platonska termer innebär det att åtminstone få en glimt av en högre verklighet som ligger bakom den förvirrande sensuella värld i vilken vi befinner oss.

Descartes är mer än någon annan förknippad med att betona den deduktiva metoden i den moderna vetenskapen och särskiljer sig därmed från Bacon. Detta betyder dock inte att han är en renodlad rationalist, i sin *Discourse de la Méthode* hänvisar han upprepade gånger till sina experiment; utan att han sätter tänkandet före experimentet och inte tvärt om, till vilket vi vill ha anledning att återkomma.

Urtypen för den deduktiva metoden är axiomatiseringen av geometrin, även om Aristoteles med sin klassificering av syllogismer föregrep Euklides i en systematisk axiomatisk framställning. Numera ser man denna axiomatisering som en ren formell inommatematisk lek, där axiomen istället för att vara självklarheter väljs utan hänvisning till intuitionen och de grundläggande begreppen inte definieras utan ges sin mening rent operativt via axiomen (i modern matematik gör man således inte längre någon åtskillnad mellan allmänna tankeaxiom och mera specifika postulat).

Grekernas motivering för deduktionen var inte det formella matematiska spelet i sig: deduktionen tillkom för att beskriva det fysikaliska rummet. I modern vetenskaplig terminologi talar vi om matematiska modeller och de euklidiska axiomen som en modell för det fysikaliska rummet. Men de gamla grekerna tänkte knappast i dessa termer, för dem rörde det sig ytterst om empirisk vetenskap. Den geometriska teorin beskrev verkligheten, åtminstone den idealiserade. Räta linjer utan bredd och med oändlig utsträckning existerar inte fysiskt, bara i den meningen att vi endast kan antyda dem genom att med kritan och pinnen dra streck på tavlan respektive på sandstranden. Ljusstrålar är den närmaste approximationen vi kan finna. Detta hindrar inte att vi kan tänka oss dem i rummet, de utgör i själva verket de konstruktionsmedel med vilka vi kan beskriva det fysikaliska rummet. Även om vi inte fysiskt kan representera trianglar, kommer utsagor om dessa att ha konkreta konsekvenser och utgöra utsagor om det fysiska rummet.

Satsen att vinkelsumman i en triangel är 180 grader (två räta vinklar) kan inte bevisas genom mätningar – dels eftersom vi aldrig kan finna en ideal triangel och mäta dess vinklar med fullständig precision, dels och viktigare eftersom vi bara kan betrakta en triangel i sänder. Dock: satsen kan falsifieras. Det kan nämligen visa sig att vi kan finna approximativa trianglar där vinkelsumman kommer att markant skilja sig från det förväntade. Tack vare grundantaganden i den euklidiska geometrin, parallellaxiomet som leder till klassiska fenomen som existens av likformiga men ej kongruenta trianglar, vinkelsummans konstans i en triangel och Pythagoras sats för att nämna några, kan vi genom geometriska metoder beräkna avstånd till stjärnor, avstånd som vi inte kan direkt mäta upp genom att fysiskt förflytta oss till dem. Om det mot all förmodan skulle visa sig att de två metoderna ger olika svar den baserad på geometri, triangulering, och den direkta baserad på säg en tumstock, måste vi förkasta den euklidiska geometrin. Inte som en matematisk struktur, utan som en vetenskaplig beskrivning av det fysikaliska rummet. Att det senare skulle inträffa föll nog knappast grekerna in.

Kant hävdade att rummet var euklidiskt därför att rummets struktur inte står att finna i sig självt (*das Ding an sich*) utan i vår uppfattning om det. Enligt Kant kan man inte tala om ett tomt rum, det får en mening först när det innehåller objekt, precis som tid får en mening först när den innefattar händelser. Den euklidiska geometrin är för människan den naturliga metoden för att organisera hennes rumserfarenheter. Man kan således, enligt Kant, inte tala om den som sann eller inte. Återigen: det euklidiska rummet finns inom oss, inte därute. Och framförallt kan vi inte falsifiera den euklidiska geometrin. Kant gör den närmast till en analytisk kategori och säger klart och tydligt att den rumsliga intuitionen inte är av empirisk natur.

De euklidiska axiomen är uppenbara, med ett slående undantag, nämligen det så kallade parallellaxiomet. Det förekommer i många ekvivalenta formuleringar. Den enklaste formuleringen, presenterad av John Playfair, är att genom varje punkt utanför en given rät linje kan man dra en och endast en linje parallell med den givna. Detta är inte något som man kan empiriskt avgöra, och bortsett från att man inte kan dra några perfekta linjer, kan man heller inte bevisa att en linje är parallell till en given, ty för att förvissa sig om detta måste man följa linjen oändligt långt bort. Återigen man kan i princip falsifiera påståendet genom att visa att två linjer råkar skära varandra och peka på skärningspunkten. Vad som inte kunde visas på empiriska grunder måste således slutas på rent deduktiva, förståndsmässiga. Den förhärskande övertygelsen var dock under århundraden att parallellaxiomet måste vara sant. En älskningsmetod inom matematiken är bevis genom motsägelse: att förutsätta något som man vill vederlägga, och medelst dess förhoppningsvis absurda konsekvenser, dra den önskade slutsatsen. Med andra ord skapar man en fiktiv värld bara för att i sista stund förinta den och ur dess aska vaska fram en enda slutsats, nämligen den att det förutsatta antagandet inte är sant.

Detta var vad som faktiskt gjordes under 1700-talet av matematiker som Saccherio, Lambert och Legendre. Man drog absurda konsekvenser av att förneka axiomet och dess sundhet bekräftades därmed – absurda men inte motsägelsefulla konsekvenser. Distinktionen är fundamental. Tre matematiker under det tidiga 1800-talet drog den andra slutsatsen att parallellaxiomet inte kunde bevisas, att absurditet var av subjektiv och inte objektiv natur och att man i själva verket kunde förutsätta olika negationer av detta axiom. En av dessa kunde uttryckas som att genom en given punkt inga linjer parallella till den givna kan dras. Den andra att man i själva verket kan genom en given punkt dra flera linjer parallella till en given linje. Men att man ändå skulle erhålla konsistenta, så kallade icke-euklidiska geometrier.

Den första som kom till denna insikt var den store tyske matematikern Carl Friedrich Gauss, ofta refererad till som matematikens konung. Han höll dock detta för sig själv, fruktande det ramaskri som uppenbarligen skulle följa om han offentliggjorde sina upptäckter. Han hade en ungdomsvän, Bolyai, en ungersk matematiker, som under sitt liv förgäves försökt bevisa parallellaxiomet och som gav sin son förmaningen att avstå från liknande ambitioner. Detta kan endast ha haft motsatt verkan. Men sonen kom till samma insikt som Gauss, nämligen att man kunde utveckla alternativa geometrier. Fadern förmedlade stolt sin sons arbeten till sin store vän, men Gauss svarade att han tyvärr inte var förmögen att prisa dem, ty detta skulle innebära att prisa sina egna arbeten. Med andra ord kände han till allt sedan länge. Enligt legenden bedrövade detta den unge Bolyai till den grad att han gav upp inte bara alla tankar på publicering utan även sin lovande matematiska karriär. Denna historia är inte helt sann: en kort resumé av den icke-euklidiska geometrin publicerades i ett appendix till faderns lärobok i geometri. Men klart är att det mesta av vad han skrev lät han aldrig publicera. Den matematiker som skulle erhålla prioritet genom att först publicera dessa upptäckter var ryssen Lobatjevskij som verkade långt ute i periferin, i den ryska staden Kazan, långt bortom Gauss inflytande. För Lobatjevskij var den icke-euklidiska geometrin ett fullt möjligt fysiskt alternativ till den klassiska euklidiska och valet dem emellan kunde avgöras endast genom empiriska undersökningar.

Det är alltid lätt att vara efterklok. En form av det icke-euklidiska alternativet var känd sedan antiken, nämligen den sfäriska geometrin. Om vi tolkar storcirklar på sfären som linjer, existerar inga parallella linjer överhuvudtaget. Vidare är vinkelsumman i en sfärisk triangel inte lika med 180 grader utan större. Varför insåg inte grekerna detta? En sfär återfinner man i det tredimensionella rummet. Storcirklar är inte räta linjer, de är krökta, och dessutom skär de varandra i två punkter. Det är endast genom det moderna formella perspektivet, där objekten i en axiomatiserad teori inte har någon fast innebörd utan är endast bestämda instrumentellt, som vi kan tala om storcirklar som linjer. En schackpjäs kan se ut hur som helst och vara tillverkad av godtyckligt material, det är inte dess fysiska beskaffenhet som är avgörande för dess identitet, utan de regler som bestämmer hur den skall flyttas. Men denna formella insikt byggde historiskt på just den icke-euklidiska geometrins genombrott. Storcirklar kan även om de inte ser ut som räta linjer betraktas som linjer eftersom de uppfyller de regler som linjer uppfyller i den euklidiska geometrin. Problemet att två storcirklar skär varandra i två antipodala punkter kan man lätt formellt lösa genom att identifiera antipoda (alltså motstående) punkter på en sfär och erhålla något som matematikerna kallar det projektiva planet.

Detta är en utveckling av det euklidiska planet genom att man lägger till punkter i oändligheten, och postulera att även parallella linjer skär varandra, men då i oändligheten. Den projektiva geometrin uppstod i själva verket flera århundraden före den icke-euklidiska i samband med perspektivläran. Den projektiva geometrin ställdes aldrig som motsats eller alternativ till den euklidiska utan sågs mera som en matematiskt ändamålsenlig utvidgning: linjen vid oändligheten var en idealisering, man reste inga krav på att den skulle ha en fysisk existens. Man kan jämföra med den kopernikanska hypotesen (d.v.s. den heliocentriska) som av kyrkan accepterades som en matematiskt ändamålsenlig modell för beräkningar, och som blev stötande, för att inte säga blasfemisk, först när den dristade sig att påstå att solen verkligen befann sig fysiskt i centrum, och inte jorden, och att den senare verkligen rörde sig kring solen och inte tvärtom.

Men om man istället för att betrakta storcirklar på en liten sfär man kan hålla i handen betraktar jordklotets: är det så säkert att man med sinnenas hjälp kan särskilja en rät linje från en storcirkel? Om man befinner sig på en stor sfär hur kan man veta att man gör detta och inte befinner sig på ett platt plan? Med andra ord: hur kan man avgöra att jorden är rund och inte platt? Här har vi en grundläggande fråga av kosmologisk natur som vi i princip skall kunna avgöra med rationella metoder. Den deduktiva geometrin upplyser oss om att det är tillräckligt att uppvisa en triangel vars vinkelsumma överstiger 180 grader. Om detta gäller för en triangel gäller det för alla. På grund av svårigheter med mätnoggrannhet kan man behöva ta till hjälp en mycket stor triangel för att kunna påvisa diskrepansen. I själva verket: ju större sfären är, desto större är den triangel man kan behöva betrakta. När det gäller jordytan räcker det inte med en triangel med sidor som mäts i enstaka kilometrar, utan dessa måsta vara tiotals mil långa för att man skall kunna påvisa något. Befunne man sig på en sfär av solens storlek som är ungefär 100 gånger större än jorden, skulle motsvarande trianglar vara hundra gånger så stora. Det är inte på detta sätt som mänskligheten har kommit underfund med att jorden är rund utan genom att direkt kunna jämföra en storcirkel med en rät linje given av en ljusstråle.

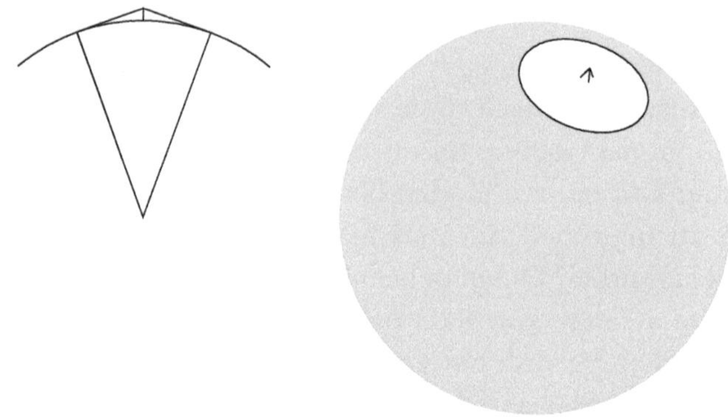

Jordklotet befinner sig trots allt i ett förmodat tredimensionellt euklidiskt universum. Jordytans synfält begränsas av en horisont. Denna horisont är belägen på ett ändligt avstånd. Befinner man sig på öppna havet med blicken två meter över havsytan befinner sig horisonten på endast fem kilometers avstånd. Med en kikares hjälp kan man lätt se hur fartyg glider över horisontkrönet och försvinner ur sikte med masttopparna sist synliga. Vore vi istället situerade på en sfär av solens storlek vore horisonten tio gånger längre bort[4] och de försvinnande fartygen på 5 mils avstånd, ej synliga i en enkel fältkikare. Inte heller på detta sätt kom mänskligheten till insikt om att den befann sig på en sfär: den insikten grundar sig på att den roterande stjärnhimlens placering visavis horisonten ändrar sig från en geografisk punkt till en annan, vilket ligger till grund för latitudbestämningar. På grund av detta insåg redan grekerna att jorden var rund. Dessutom kan man även svagt skönja jordens rundning med hjälp av jordskuggans form avtecknad på månen under en månförmörkelse.

4 tio är kvadratroten ur hundra. Formeln för det approximativa avståndet till horisonten (lätt erhållen från Pythagoras sats) är $\sqrt{(2Rh)}$, där R är radien av klotet och h betraktarens höjd över marken., bägge storheter multiplicerade tillsammans med två och därefter kvadratroten dragen.

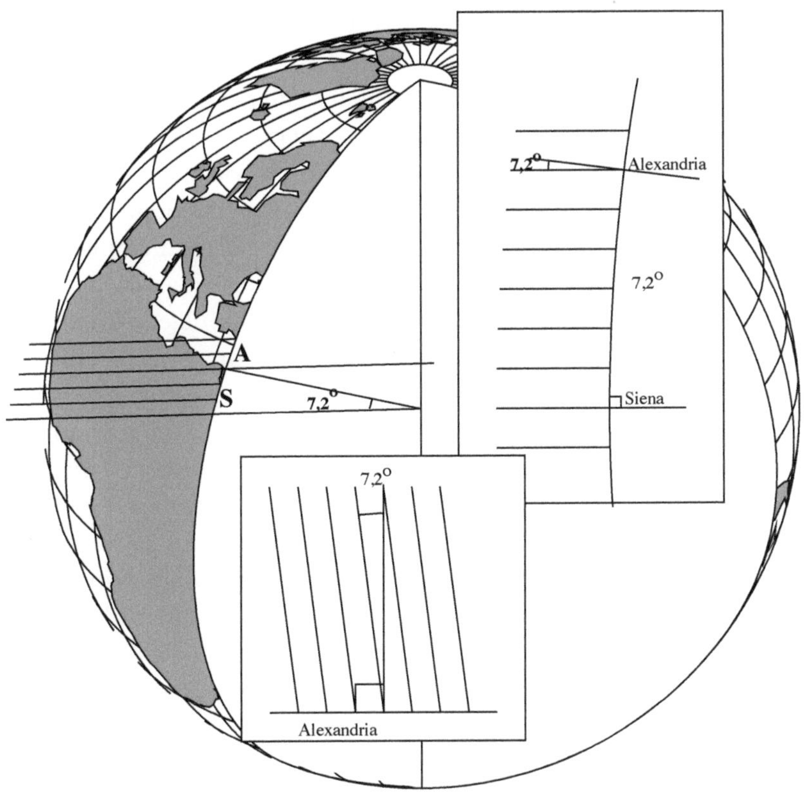

Eratosthenes i Alexandria utnyttjade drygt 200 år före Kristus denna hypotes för att utföra en elegant mätning av jordens storlek. Hans värde var förvånansvärt nära det moderna. Detta må tillskrivas en viss tur. Den praktiska svårigheten i hans metod bestod i att förvissa sig om att de två olika observationspunkterna en i vilken solstrålarna nådde botten av en brunn, och solen således stod i zenit; den andra i vilken en lodrät pinne kastade en mätbar skugga vid samma tidpunkt, befann sig på samma longitud samt att uppskatta jordavståndet däremellan[5]. Med primitiva metoder kan man med en viss ansträngning avgöra en höjdskillnad av solen över horisonten med en bågminut, till exempel genom att mäta längden av skuggan av en lodrät stav av känd längd. Detta motsvarar en geografisk förflyttning i longitudiellt led av en sjömil, det vill säga 1,8 kilometer. På en sfär av solens storlek motsvarar en sjömil 18 mil. Om sfären är tillräckligt stor i förhållande till oss människor, kan det i praktiken vara ogörligt att avgöra huruvida vi befinner oss på en sfär eller om jordytan är platt och möjligen oändlig.

Men vad skulle ha hänt om jorden vore omsluten av täta moln och utan skymt av himlen? Solenergi kan fortfarande tränga igenom, även om man inte skulle kunna urskilja en solskiva. Eller om vi hade utvecklats på havsbotten under en djup, heltäckande ocean? Uppenbarligen skulle det ha tagit en mycket längre tid för mänskligheten att inse att vi vistades på en sfär. Att betrakta himlen när jorden bjuder på så många problem kan förefalla oansvarigt, men detta är en kortsynt kritik. Det är tack vare himmelobservationerna som vi har lyckats orientera oss på jordytan. Men vi kan gå ett steg längre. Varför anta att det tredimensionella universum är euklidiskt? Kanske det rentav är sfäriskt – en tredimensionell sfär, som inte befinner sig fysiskt i något oändligt euklidiskt rum av fyra dimensioner eller högre? Ett sådant universum skulle vara ändligt men utan gränser. Om man for i en viss riktning skulle man så småningom komma tillbaka till ursprungspunkten. Varför skall detta strida mot vår intuition? Varför skall vi tycka att en linje kan dras ut i det oändliga i två olika riktningar utan att dessa skall mötas?

Men det finns en annan möjlighet, nämligen att universum

5 Genom att mäta skillnaden i den vinkel solstrålarna faller mot jordytan vid de två olika orterna mäter man avståndet på jorden i inneboende termer av vinklar. Avståndet mellan polerna och ekvatorn är alltid en rät vinkel. Svårigheten är att kalibrera jordens vinkelavstånd med andra vardagliga längdmått man begagnar. När man väl etablerat växelkursen kan man uttrycka jordens storlek i de gängse vardagliga måtten.

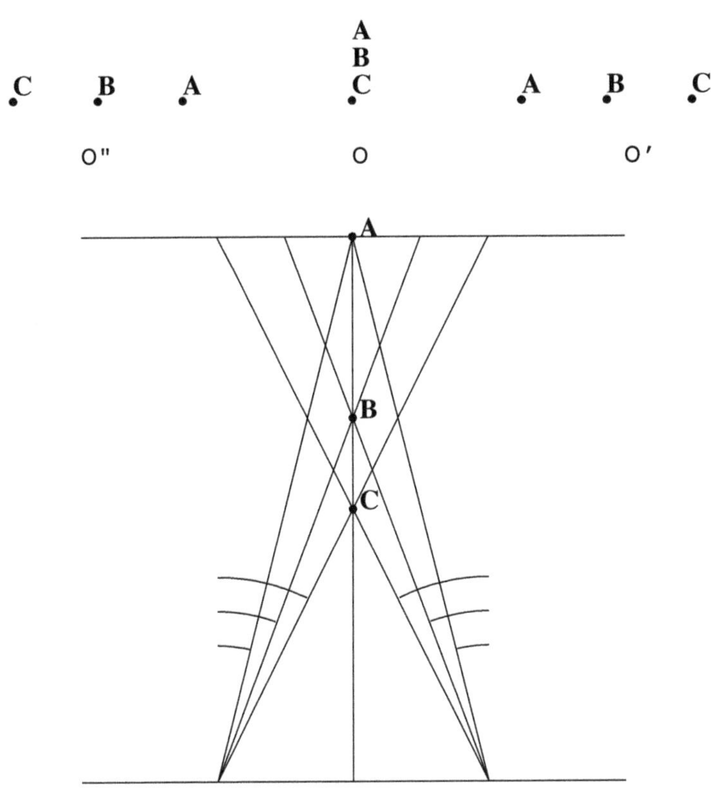

är hyperboliskt – och att man genom en punkt kan dra många linjer som inte skär en given linje men ligger i samma plan. Den geometri som uppstår är en i sanning exotisk geometri, om vilken mänskligheten inte tidigare hade en aning. I den hyperboliska geometrin är vinkelsumman i en triangel alltid *mindre* än 180 grader. Detta har drastiska konsekvenser. Vi känner fenomenet parallax. När vi färdas i ett tåg susar närbelägna träd och buskar snabbt förbi oss genom fönsterrutan och vi hinner knappt uppfatta dem. Längre bort belägna berg däremot ändrar position betydligt långsammare och utgör en till synes orörlig fond, tills tåget plötsligt ändrar riktning, då spåret kröker sig i en kurva. När vi förflyttar oss ändras vinkeln till objekten i synfältet. Ju längre bort desto mindre är vinkeländringen. I själva verket är vinkeländringen lika med den vinkel som vår förflyttning upptar i objektets synfält. För objekt som ligger oändligt långt borta föreligger såldes ingen parallax. Denna princip ligger bakom avståndsmätning i den euklidiska geometrin. I den hyperboliska geometrin uppvisar även oändligt långt avlägsna objekt en parallax. I den euklidiska geometrin upptar varje oändligt utdragen linje 180 grader i synfältet oavsett hur långt borta den är, medan man i den hyperboliska geometrin i princip kan avgöra avståndet till en oändligt utdragen linje genom att mäta dess utsträckning i synfältet. Ju längre bort, desto mindre utsträckning.

Vid tiden för den hyperboliska geometrins upptäckt hade ännu ingen stjärnparallax utmätts. En sådan förutspåddes av den kopernikenska, heliocentriska världsbilden i och med jordens rörelse runt solen. Avsaknaden av en observerad parallax anfördes som ett argument mot Kopernikus teori – en regelrätt falsifiering alltså. Kopernikus försvarade sig med att stjärnorna befann sig på ett så långt avstånd att en parallax inte skulle vara skönjbar. Så han gendrev falsifieringen. Vilket för övrigt Aristarchos redan gjorde närmare två tusen år tidigare, en av de främsta förespråkarna för en heliocentrisk världsbild under antiken. Kopernikus och Aristarchos hade rätt: stjärnorna befinner sig på ett sådant avstånd att parallaxer först stod att uppmäta tre hundra år senare. Vad detta innebar, insåg Lobatjevskij, var att om universum vore hyperboliskt så skulle fenomenet vara observerbart endast på mycket stora trianglar. Universum måste helt enkelt vara euklidiskt upp till en mycket hög approximation. Påminnas kan att för Lobatjevskij var inte den hyperboliska geometrin en formell lek, han såg den som en möjlig alternativ beskrivning av det fysikaliska rummet. I modern kosmologi är inte denna möjlighet avskriven, tvärtom. Men de naturliga måttenheterna är mycket större än Lobatjevskij ursprungligen föreställde sig dem[6].

*

Den långa diskussionen om den euklidiska geometrin har gått händelserna i förväg. Den stora avgörande upptäckten efter renässansen var Isaac Newtons under senare hälften av 1600-talet. Han lär ha förklarat sin framgång med dels att han ständigt tänkte på sina problem, dels att han hade fördelen av att kunna stå på stora mäns skuldror och därmed se längre. Den senare historien lär vara apokryfisk, men det gör den inte sämre. Giganterna ifråga kan identifieras som Galileo Galilei och Johannes Kepler.

Galileo formulerade fundamenta för mekaniken: han visade att en kropp faller oberoende av sin tyngd och med konstant acceleration. Historien att Galileo lät två olika stenar falla från det lutande tornet i Pisa för att falsifiera Aristoteles påstående att en tung kropp faller fortare än en lätt är däremot definitivt apokryfisk, tillrättalagd för att visa hur man vinner kunskap ur direkta observationer. I själva verket kom Galileo till insikt genom ett tankeexperiment. Om två olika tunga stenar faller och de är förbundna med varandra, hur faller de då? Kommer den lättare stenen att bromsa upp den tyngre, och den tyngre skynda på den lättare? Eller skall de ses som en enda kropp som i så fall faller ännu fortare? Tankeexperimentet är en ovärderlig metod i vetenskapen. Utan dessa kan man inte hypotesera konsekvenser. Det avgör givetvis inga frågor, men det indikerar vilka observationer man skall göra.

---

6 Detta är helt analogt med huruvida vi kan avgöra om klotet är platt om vi befinner oss på ett mycket stort klot, som vi berörde ovan. Den naturliga måttenheten är här klotets radie. Det är symptomatiskt att metern ursprungligen definierades så att ekvatorn skulle vara 40 000 000 meter lång (fyrtiomiljoner).

Kepler visade att en planets bana inte består av en cirkelrörelse, nödvändigtvis kompletterad med epicykler enligt Ptolemaios recept, utan av en ellips. Ellipsen är ett exempel på ett kägelsnitt, det vill säga snittet av en kon med ett plan. Teorin för dessa utvecklades under antiken, främst av Apollonius. Den hade däremot fallit i glömska bland Keplers samtida. Ingen hade tidigare haft tanken på att anknyta dessa obskyra kurvor med himmelsrörelser. Kepler formulerade tre lagar. Den första att en planet rör sig i en ellips med solen i en av brännpunkterna, den andra att den tänkta linje som förbinder planeten med solen sveper ut lika areor under lika tider: framförallt rör sig en planet snabbast när den är som närmast solen (*perhelion*) och långsammast när den befinner sig längst bort (*aphelion*). Den tredje lagen innebar att kvoten mellan kvadraten på en planets omloppstid och kuben på dess medelavstånd till solen är oberoende av planeten[7].

Dessa lagar är matematiskt formulerade och mycket enkla och kraftfulla. Och de är oväntade. Något liknande hade aldrig någonsin formulerats tidigare. Med dessa lagar blev det betydligt enklare och smidigare att förutsäga planeters rörelser på himlavalvet, ett klassiskt problem som sysselsatt astronomer och astrologer sedan urminnes tider. Ptolemaois modell bestod av system av cirklar runt jorden kompletterade med komplicerade system av så kallade epicykler. Cirkeln ansågs klassiskt vara den fulländade formen under antiken. Således förutsattes celesta kroppar röra sig i cirklar. Tyvärr överensstämde detta inte med observationerna. Bättre överensstämmelse erhölls om man lät planeten röra sig i en cirkel, en så kallad epicirkel, eller epicykel, vars centrum i sin tur rörde sig i en cirkel. Genom att lägga till epicirklar till epicirklarna kunde man uppnå ännu bättre

7 Saturnus befinner sig knappt tio gånger längre från solen än jorden, dess omloppstid är drygt 30 år. Kuben på den förra är lika med kvadraten på den senare.

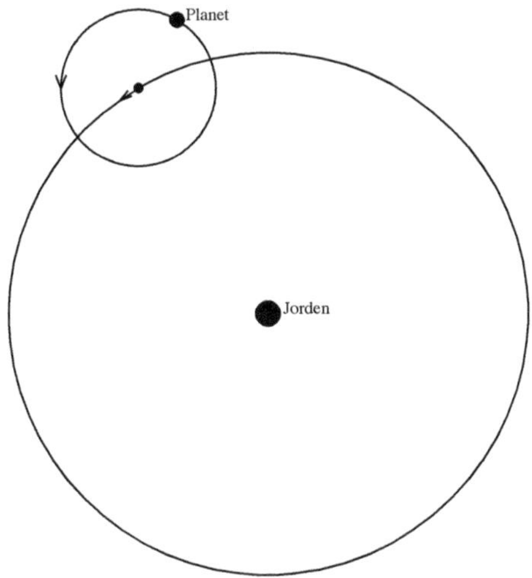

resultat. Kopernikus heliocentriska teori, som även använde epicykler, förmådde inte uppnå större förutsägbarhet, det var först i och med Kepler, vars beräkningar byggde på den danske astronomen Tycho Brahes förnämliga observationer dessutom utförda utan teleskop, som ett klart framsteg gjordes. Dock skall man inte dra slutsatsen att Ptolemaois teori kunde falsifieras med hjälp av förutsägelser. Hans teori kunde göras godtyckligt noggrann, bara man lade till ytterligare epicykler. Den hade i högsta grad karaktären av en modern vetenskap. Det var först när man gjorde andra typer av observationer, till exempel av de inre planeternas faser med hjälp av teleskop, som man kunde avfärda en jordcentrerad teori i förmån för en heliocentrisk.

Istället för att avsluta ett problem öppnade Kepler för nya problem. Vad låg bakom dessa lagar? Newtons genialitet låg i att han med en mycket enkel princip inte bara kunde härleda Keplers lagar utan även visa att de inte var exakta utan endast giltiga under förutsättningen att endast två kroppar existerade, som solen och en planet och att dessa var perfekta och radi-

$$F = G \frac{M_1 M_2}{d^2}$$

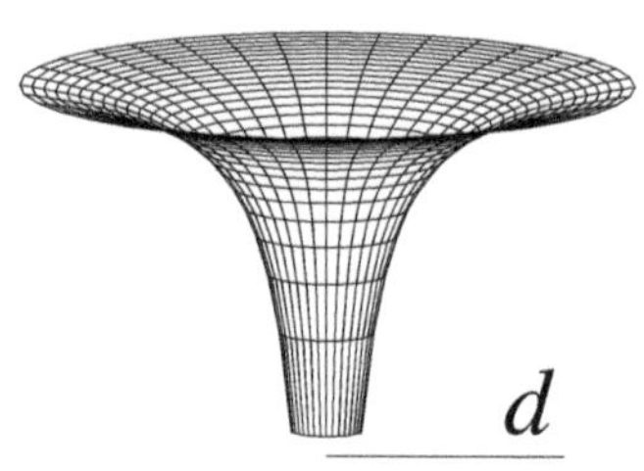

ellt homogena klot. Principen var helt enkelt att två kroppar attraherar varandra och att denna attraktion var proportionell mot kropparnas massor och omvänt proportionell mot avståndet i kvadrat. Med denna enkla princip var det möjligt att beräkna varje kropps rörelse om man ägde kännedom om alla relevanta ingångsvärden. Men att utföra dessa beräkningar var inte så enkelt, och för att kunna göra detta fick Newton uppfinna den så kallade infinitesimalkalkylen som har varit ett ovärderligt redskap i all fysikalisk teoribildning sedan dess och har utgjort en inspiration för all övrig fysik.

*

Newtons insikt innebar en enastående revolution. Himmelsmekaniken var uppfunnen! Alexander Pope skaldade: ”Nature and nature's laws lay hid in Night./God said, 'Let Newton be!' and all was light.” Gud blev i viss mening obehövlig och hans enda återstående kosmologiska roll var att stå för ingångsvärdena. Universum var som ett urverk, när det väl hade skruvats upp fullföljde det sin deterministiska bana utan behov av något slag av intervention. Själva grundproblemet att förutsäga himlakroppars position på himlavalvet var en bisak. Men det öppnade helt nya domäner för mänsklig upptäckarglädje. Newton beräknade att jorden inte kunde vara ett perfekt klot utan måste vara tillplattad vid polerna på grund av sin rotation – en hypotes som sedan empiriskt bekräftades många årtionden senare via mödosamma expeditioner till ekvatoriella Sydamerika och svenska Lappland där uppgiften var att mäta längderna på respektive latitudgrad.

Tilläggas bör att Newton inte bara var en synnerligen teoretiskt begåvad person utan även mycket händig och byggde såsom pojke allehanda maskiner. Hans vetenskapliga intresse var vitt och han gjorde banbrytande upptäckter även inom optiken och uppfann och tillverkade sitt eget spegelteleskop ty den paraboliska spegeln har många optiska fördelar framför den klassiska linsen med sina många brytningsfel. Hans partikelteori för ljuset föll i vanrykte och ersattes så småningom av vågteorin, bara för att med Einstein återupplivas – enligt Popper en smått metafysisk idé, likt den antika atomteorin, som formulerades innan den kunde specificeras till att bli falsifierbar och därmed vetenskaplig.

Bilden av Newton som rationell och upplyst måste hursomhelst revideras. Newton såsom upplysningstidens ikon lanserades entusiastiskt och framgångsrikt av Voltaire. Av ekonomen John Maynard Keynes har Newton betecknats som den siste magikern. Av hans kvarlåtenskap, som först i modern tid har närmare undersökts, framgår att han med tiden uppslukades av ett allt överskuggande intresse för bibeltydning, vilket slutligen ledde till ett nervöst sammanbrott. Under sin långa ålderdom fick han som sinekur posten såsom chef för rikets mynttillverkning ”Master of the Mint”. Men Newton betraktade det inte som en sinekur utan gick med liv och lust inför sin uppgift att spåra upp falskmyntare och se till att de slutligen dinglade i galgen.

*

1700-talet blev ett gyllene århundrade när det gällde inte bara himmelsmekaniken utan även mekaniken i allmänhet och den senare kom att tjäna som förebild för alla slags undersökningar, inklusive de samhällsvetenskapliga. Man kan se den Newtonska himmelsmekaniken som en vidareutveckling av den euklidiska geometrin. Newtons framställning i *Principia* följde den euklidiska deduktiva traditionen med en mängd av syntetiska geometriska resonemang. Ja, mekaniken blev en vidareutveckling av den statiska geometrin genom introduktionen av tiden, och därmed föränderligheter såsom hastigheter och accelerationer och de därtill associerade krafterna. Som inledande postulat inkorporerade Newton Galileos insikter, som att en kropp som inte påverkas av en kraft befinner sig i likformig rörelse, det vill säga rör sig längs en rät linje med konstant hastighet, och varje modifikation av en sådan rörelse måste ha som ursprung en kraft. Detta strider mot observationen och det sunda förnuftet som säger oss att en rörelse behöver en kraft för att upprätthållas. Vetenskapen är en kreativ verksamhet, den katalogiserar inte observationer, utan försöker i sann platonsk anda söka efter de former som ytterst beskriver den värld som sinnena erfar. Hypotesen om att två kroppar attraherar varandra över avstånd i den tomma rymden strider mot all praktisk erfarenhet. Hur förmedlas denna kraft? Det framstår som smått ockult. Detta lär även ha bekymrat Newton, som vist nog lade sina betänkligheter åt sidan. Galileo vägrade att tro att tidvattnet orsakades av månen, ty detta andades alltför mycket av astrologisk vidskepelse; Newton däremot förklarade hur detta fungerade med hjälp av sin enkla princip.

Newtons teori blev den mest framgångsrikt testade av alla vetenskapliga teorier, i synnerhet som den kunde förklara de avvikelser från förutsägelserna som den av William Herschel nyupptäckta planeten Uranus (1784) företedde. Uranus följde inte den bana som den enligt den Newtonska mekaniken borde. Var det fel på Newton? En hypotes framkastades att planeten var störd av en annan, okänd planet. Genom lyckade gissningar och flera års ”bakvänt” räknande på 1840-talet lyckades det två astronomer, Adams i England och Leverrier i Frankrike, att oberoende av varandra räkna fram den okända planetens förmo-

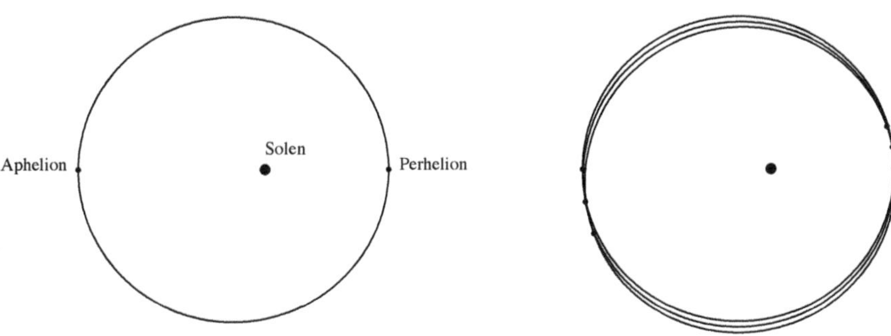

dade position och övertyga något astronomiskt observatorium att rikta sitt teleskop dit. Och en planet var mycket riktigt funnen, sedermera döpt till Neptunus. Detta kan tas som ett exempel på hur svårt det är att falsifiera en teori, att man alltid kan finna för situationen tillsnickrade förklaringar, som i detta fall en okänd planet, eller manipulera med fria parametrar, som i Ptolemaios teori. Men förklaringen om en extra planet gav upphov till nya förutsägelser som kunde observeras. En annan irregularitet, Merkuriusbanan med sin snabba förskjutning av sitt perhelion[8], kunde trots tappra försök aldrig förklaras via existensen av en okänd inre planet. Till detta skall vi återkomma.

Newtons prestige var oerhörd och det är i ljuset av denna man måste, enligt Popper, förstå tillkomsten av Kants filosofiska

8 Planeterna rör sig inte i perfekta ellipser utan är störda av de andra planeterna. Dessa störningar kan bara simuleras via beräkningar inte slutgiltigt beräknas. Detta utgör det så kallade flerkropparproblemet. Speciellt så ändrar banorna form och orientering, dess längdaxel som sammanbinder aphelionpunkten med perhelion roterar sakta, den så kallade precessionen. Den är speciellt märkbar hos Merkurius ty dess bana är mer extremt elliptisk än de flesta andra planeters, vilket gör det enklare att bestämma denna axel tillräckligt noggrant. Dessutom roterar den mycket snabbare runt solen än de andra planeterna (omloppstid på knappt tre månader), vilket gör att precessionen går snabbare. Det var därmed möjligt att observera denna diskrepans mellan den verkliga precessionen och den av Newtonmekaniken beräknade.

verk om det rena förnuftets begränsningar. Kant förstod mycket väl att Newtons insikter inte hade tillkommit via observationer utan via en helt annan form av kontemplation. Detta ledde till problemet om möjligheten av aprioristiska synteser: att vi kan komma till insikt om världen utan omvägen via erfarenheten. Kant var en betydligt mer renodlad representant för upplysningen än Newton. Han inledde sin bana inte som filosof utan som en kompetent himmelsmekaniker i Newtons anda. Hans hypotes om hur solsystemet uppstod ur en nebulosa förfinades av Laplace och anses fortfarande vara högst relevant. Kants diktum att upplysningen frigjorde människan från okunnighetens bojor kan även tjäna som Poppers moraliska motto.

*

Under 1800-talet vidgades den fysikaliska kunskapen dramatiskt utöver det rent mekaniska. Atomteorin gjorde sin debut och därmed revolutionerades kemin. Vidare utforskades nya fenomen som elektriciteten. Fortfarande låg eleganta matematiska teorier till grund för radikala teorier som hade mycket litet med fenomenens sinnliga manifestationer att göra. Infinitesimalkalkylen och de därtill associerade så kallade ordinära differentialekvationerna berodde endast på en variabel (tiden). Dessa kunde utvidgas till flera variabler med avseende på vilka man kunde derivera, vilket ledde till så kallade partiella differentialekvationer. Dessa kom att spela en sådan central roll inom fysiken, att denna tenderade helt enkelt att identifieras med uppställandet av sådana ekvationer. Klassiska exempel är vågekvationen, värmeledningsekvationen och den så kallade Laplace ekvationen[9]. Fysikaliska lagar formulerades som

---

9 Dessa är exempel på så kallade hyperboliska, paraboliska och elliptiska ekvationer. Denna tre-delning är ett återkommande tema i matematiken, med rötter i antikens klassificering av kägelsnitt. Vi har redan

partiella differentialekvationer, med Maxwells ekvationer som paradexemplet. Medan den vetenskapliga revolutionen under 1600- och 1700-talet hade högst marginell inverkan på människors vardag ändrades detta drastiskt i och med industrialismens genombrott under det följande århundradet. Framgångarna för fysiken var så spektakulära att den kände fysikern Kelvin mot slutet av århundradet annonserade att fysiken var färdigutvecklad, att det inte längre fanns något nytt att utforska. Alla fysikaliska principer var kända, vad som återstod var att sammanfatta och finputsa och utveckla teknologiska tillämpningar, av vilka många sett dagens ljus redan under 1800-talet. Kelvins uppskattade solens ålder med hjälp av de då kända fysikaliska processerna att generera energi som stod till förfogande[10]. Den tidsrymd Kelvin beräknade var visserligen betydligt längre än de 6.000 år som den irländske biskopen James Ussher fastställde via bibelstudium, men inte tillräckligt lång för att ha kunnat skina med oförminskad styrka under den tid som evolutionen skulle ha krävt. Eller som för övrigt geologin sedan länge hade antytt. Darwin lär ha varit böjd att överge sin teori med hänsyn till Kelvins auktoritet. Om något en sannskyldig falsifiering av hans teori. För att kunna förklara dessa tids-

---

tidigare kommit i kontakt med hyperbolisk, parabolisk (euklidisk) och elliptisk (sfärisk) geometri. Inom språket är vi bekanta med hyperboler (överdrifter), parabler (liknelser), ellipser (kortfattade). Större än, lika med, mindre än.

10 Antag att solen bara består av kol, och att förbränningen av denna ger upphov till solstrålningen, och för enkelhetens skull bortse från problemet med syretillförseln som är nödvändig för den kemiska processen. Ett kilo kol ger upphov till 2,5x10^{7} J (25 miljoner). Solen väger 2x10^{30} kg och om allt bränns utgår 5x10^{37} J. Varje dag förbränner solen 3x10^{32} J. Genom en enkel division (vi behöver inte veta vad J (en Joule) är) erhåller vi då att solen med nuvarande styrka skulle ha kunnat lysa högst 2x10^{5}=200'000 dagar, vilket rör sig om cirka 700 år, vilket t.o.m. historiska dokument motsäger. Kelvin hade givetvis andra effektivare processer som förklaringar.

rymder måste man om något hänvisa till mirakel. Ett mirakel är som bekant något som inte kan förklaras med gängse vetenskapliga metoder och kunskaper.

Två nya problem skulle uppträda i slutet av 1800-talet som helt skulle kullkasta Kelvins profetia om fysikens fullständighet, och därmed göra hans beräkningar irrelevanta. Det ena problemet var radioaktiviteten som uppmärksammades av Bequerel 1897, och som i förlängningen ledde till kärnfysik, kvantteori och atombomber, vilka helt skulle dominera 1900-talets fysik. Detta var just det mirakel som skulle förklara solens enastående förmåga att utstråla så mycket energi under en sådan lång tid. Det andra var det negativa resultat som går under namnet Michelson-Morley-experimentet 1887, med djupgående filosofiska konsekvenser. Experimentets uppgift var att beräkna ljushastighetens beroende av referenssystem. Sunda förnuftet säger oss att om vi färdas mot en ljuskälla bör ljusets hastighet vara större än om vi färdas från den. Precis som om man springer i ett tåg i tågets riktning är ens hastighet gentemot marken större än om man springer i motsatt riktning. Man förväntade sig således att ljusets hastighet skulle variera under jordens omlopp runt solen. Till allas förvåning uppmättes ingen skillnad. Ljusets hastighet var konstant. Hastighetsberäkningen gjordes om och om igen för att undvika alla möjliga och omöjliga felkällor. Allehanda *ad hoc* förklaringar uppställdes för att få det hela att gå ihop (så kallad ”fudging”). Einstein, via sin speciella relativetsteori, förklarade detta genom att förkasta teorin om ett absolut rum som gick tillbaka till Newton och istället postulera ljushastighetens invarians i system som befinner sig i likformig rörelse i förhållande till varandra. Först ville han kalla sin teori för invariantteori, en fashionabel matematisk terminologi vid tiden, men övertygades om att istället välja det mera ”sexiga” relativitetsteori. Ur postulatet om ljushastighetens invarians och att den är den högsta hastighet med vilken information kan fortplantas, (man kan å andra sidan ge exempel på virtuella rörelser som är snabbare än ljushastigheten) följer en hel räcka kontraintuitiva konsekvenser, såsom modifierade additionsformler för hastigheter[11], problematisering av simultanitet, tidmätningens relativitet, vilka alla empiriskt kunde bekräftas, det vill säga undgå falsifiering. Än mer slående var att i utvidgningen från den speciella relativitets teorin (det masslösa universum) till den allmänna måste Newtons gravitationslag modifieras, samt att denna nu kunde geometriskt förklaras.

Härvidlag kan man direkt knyta an till den icke-euklidiska geometrin och dess krökningsbegrepp som utvecklades av Bernhard Riemann vid mitten av 1800-talet. I den allmänna relativitetsteorin, som kan formuleras via Einsteins partiella differentialekvation, talar man om att massan kröker rummet, vilket i sin tur påverkar hur kroppar rör sig i detsamma, genom att de strävar efter att alltid följa den kortaste vägen, det vill säga röra sig längs så kallade geodeter. Det hela kunde ges en slående elegant matematisk sammanfattning. I viss mening slöt Einstein cirkeln: den dynamiska geometrin blev rent geometrisk i en fyrdimensionell rum-tids-relation. Detta bekymrade Popper som såg i den tidlösa rum-tiden en statisk oföränderlig värld i Parmenides anda. Teorin kan i viss mening ses som ren matematik, även om man måste ha ett fysikaliskt perspektiv för att den skall bli meningsfull. Einstein lyckades inte bara förklarade den tidigare så oförklarliga precessionen av Merkurius perhelion (se fotnot 8) en så kallad retrodiktion, utan indikerade helt nya fenomen (prediktioner). Inte bara materiella kroppar påverkades av rum-

---

11 Som exemplet med tåget visar är vi vana vid att helt enkelt lägga ihop hastigheter. Detta är bara en approximation men som dock är giltig med mycket hög noggrannhet för hastigheter som är försumliga i jämförelse med ljushastigheten, men ju högre hastigheterna är desto mer divergerar den från det verkliga förhållandet. Ljushastigheten *c* beter sig som om den vore oändlig, d.v.s. oaffekterad av ändliga tillägg eller avdrag. Det hela kan ges en mycket elegant matematisk presentation och divergensen är analog med divergensen mellan icke-euklidisk och euklidisk geometri.

mets krökning, även ljuset, och som en konsekvens borde stjärnors position i solens omedelbara riktning förskjutas från sina förväntade.[12] En sådan observation kunde endast göras vid en total solförmörkelse, och det blev en sensation när en lämplig sådan inträffade 1919 när Einsteins förutsägelse bekräftades och en hel värld kunde ta del av den.

Popper tog starka intryck av detta. Man kan i sammanhanget inte heller bortse från Einsteins ekvivalens mellan massa och energi, beskrivet genom $E=mc^2$, kanske den mest kända och berömda ekvationen, och den enda tillåtna i populärvetenskapliga böcker, där annars sådana är anatema. Ekvivalensen dem emellan var helt oväntad, och den stora proportionalitetskonstanten (c^2) antyder kärnfysikens stora potential när det gällde att generera energi, vilket kastat en skugga över resten av århundradet.

*

De fysiska vetenskaperna betecknas såsom hårda. De utmärks av matematiskt strikt och elegant formulerade lagar som i princip inte tillåter några undantag, i den mån undantag uppenbaras måste teorierna modifieras. Vidare är de förklarande teorierna djärva och utan någon uppenbar koppling till de sinnliga fenomen de söker att beskriva och förklara. I den meningen kan man se dem som slående exempel på platonska former. Visserligen uppkommer teorier genom ett stegvis förfarande, men de banbrytande fysikaliska teorierna innefattar sådana begreppsmässiga hopp att man inte kan rationellt förklara hur de uppkommer. De är kreativa produkter. De skiljer sig från konstnärliga skapelser i och med att de inte är underställda subjektiva krite-

12 I själva verket kan man även med Newtons teori förutsäga en brytning, men denna var ungefär bara hälften av vad den einsteinska teorin förutsade.

rier om skönhet och ändamålsenlighet utan objektiva kriterier, exempelvis att de måste empirisk kunna förankras, konsekvenserna av dem måste vara i samklang med faktiska förhållanden[13]. Deras värde består inte huvudsakligen i att de är sanna och korrekta, åtminstone inte för ögonblicket utan däri att de stimulerar till nya problem och ger förklaringar till gamla. En fysikalisk vetenskaplig teori är inte förklarande i den meningen att den reducerar det okända till det kända, utan snarare i Poppers formulering förklarar det kända med det okända. Man kan inte förvänta sig att det vetenskapliga studiet av mera komplexa *ad hoc*-fenomen, som biologisk mångfald och mänsklig samvaro, skall kunna resultera i lika eleganta och matematiskt formulerade resultat.

De fysikaliska vetenskaperna inbjuder till matematiska modeller vilket innebär att dess teorier kan utforskas och dess konsekvenser hårddras på ett helt annat sätt än när denna möjlighet inte föreligger. Det är vanligt att beskriva detta som kvantifiering. Jag anser att detta är missvisande, och skall återkomma till detta.

---

13 För en fullständigare diskussion och problematisering se det kommande avsnittet om Poppers Tre världar

DARWINISMEN

Darwinismen är en vacker filosofisk idé som förklarar hur ordning kan uppstå ur kaos utan att en designer behöver åberopas. Som sådan kan den inte annat än appellera estetiskt till dem med det rätta temperamentet, det vill säga de som uppskattar enkelhet och elegans i ett abstrakt och allomfattande sammanhang. Vilket ironiskt nog inte innefattar den typiska biologen, Darwin inte utesluten! Å andra sidan stöter den bort många genom sin handgripliga materialism, betydligt handgripligare än den gamla att vi är alla gjorda av atomer. Motståndet mot evolutionen och tesen om det naturliga urvalet har varit hätskt, från det ögonblick Darwins bok *Om arternas uppkomst* publicerades 1859. Det har uppfattats som en förolämpning mot människans andliga värdighet och ansetts legitimera gudlöshet och omoraliskt beteende. En del av 1900-talets politiska illdåd kan med lite ond vilja skyllas på darwinismen, liksom på upplysningstiden i allmänhet för den delen.

Men att börja med Darwin är att gå händelserna i förväg och ge en mycket missvisande bild. Den Darwinistiska syntesen av det ingående studiet av den organiska världen utgjorde kulmen på en mycket lång process och var långt ifrån självklar från början, och fick dessutom sitt definitiva accepterande[14] först en dryg generation efter Darwins död.

---

14 Givetvis, att skriva 'definitiva' i detta sammanhang och tolka det bokstavligen vore att gå emot denna skrifts överskuggande syfte, nämligen att framhäva Poppers tes om vetenskapens sanningars provisoriska natur.

*

De föregående kapitlens skisserande av matematisk och fysikalisk forskning ter sig mycket atypiska i ljuset av den gängse föreställningen om forskarens tålmodiga och empiriskt grundade undersökningar. Istället framstår de som gudomligt inspirerade snilleblixtar som låter världen betvingas av ren tankekraft. Hänförande, men knappast prosaiskt jordnära. Newton är, som antytts, det mest slående exemplet. Men Newton var inte bara visionär, som redan beskrivits var han även händig och utförde andra, mera praktiska fysikaliska experiment vilket resulterade i banbrytande framsteg inom optiken. Däremot hans kanske mest typiska "vetenskapliga" aktiviteter utgjordes av alkemin och bibelstudier, men dessa var om något återvändsgränder, trots den tid och passion han ägnade dem.

Studiet av den organiska världen utmärktes primärt av en beskrivande undersökning av det konkreta och det individuella och först sekundärt om ambitioner att formulera övergripande principer. Först måste den rika empiriska världen blottläggas innan vi på allvar kan reflektera över den. Det tillhör varje arts överlevnad att i grad av förmåga bekanta sig med den omgivande ekologin, att i någon mån identifiera vad som kan ätas, och vad som i sin tur kan äta en. Människan med sitt språk tenderar att klassificera och namnge, speciellt växter och djur[15]. Det systematiska studiet av den organiska världen tog, som så mycket annat, sin början med Aristoteles, som till skillnad från sin lärofader Platon, även slöt till sitt bröst den sensuella världen.

Ett grundläggande problem som varje student av den organiska världen måste förhålla sig till är distinktionen mellan det levande och det döda. Ett annat, som utgör basen för hans stu-

15 Det är intressant att den indigena klassifikationen av relevanta växter bland Nya Guineas naturfolk väsentligen överensstämmer med den moderna vetenskapliga.

dium är det faktum att denna levande värld är till synes diskret, uppdelad i arter. Var och en av dessa arter är i princip värd ett studium vilket har ett flertal aspekter såsom dess uppbyggnad, anatomi, och dess beteende, vilka förutsätter radikalt olika undersökningsmetoder. Men dessa olika aspekter är inte desto mindre intimt sammanknippade med varandra på sätt som först i efterhand avslöjar sig. Vidare företar olika arter mer eller mindre utpräglade likheter med varandra som suggererar att det föreligger något slag av hierarkisk ordning mellan arterna. Med andra ord, den organiska världen manifesterar en förvirrande mångfald, dock en som företer en viss struktur, dock oklart vilken.

Det är inte heller helt klart hur man skall dra en gräns mellan det organiska och det oorganiska. En fossil är ett uppenbart exempel. Det är dött och därmed naturligt klassificerat bland mineraler, men å andra sidan företer den intrikata strukturer, som inte bara påminner om organiska väsen, utan ibland t.o.m. tycks vara rena avbilder av sådana. Rör det sig om en parallellism eller utgör de förstenade avbilder av organiska objekt? Den senare uppfattningen, hypotesen om man så vill, blev så småningom den förhärskande, märk väl utan att man hade möjlighet att på något sätt förklara hur denna process hade ägt rum. En vetenskaplig hypotes kan inte bevisas, den kan bara provisoriskt antas och dess konsekvenser testas. Denna hypotes visade sig vara utomordentligt fruktbar.

Med dansken Stenius lades grunden för geologin redan på 1500-talet. Han noterade att en senare överlagring lägger sig ovanpå en tidigare. Detta är en enkel princip som medger en kronologisk tillordning av stratifierade sedimenteringar. I praktiken är isolerade avlagringar inte lätta att tyda, ty veckningar kan få ursprungliga horisontella lager att stå vertikalt, ja rentav att läggas upp och ner. Men genom att tålmodigt jämföra olika lokaliteter kan det geologiska förloppet långsamt pusslas ihop. Detta är ett exempel på ett vetenskapligt projekt, som visserligen bygger på en mycket enkel princip, men som inte kan genomföras av en enda individ utan kräver ett helt kollektiv under en lång tidsperiod. Resultatet indikerar att jordskorpan inte är konstant utan har genomgått drastiska förvandlingar. Speciellt det faktum att marina fossiler kan återfinnas på bergstoppar indikerar att dessa förvandlingar har varit drastiska. Hur skall man förklara dessa? En teori är att jorden undergått ett antal katastrofer, förment en av dessa syndafloden, var ju redan känd via bibelstudier. Mot denna teori ställdes en gradvis process som förkastade katastrofer. En föregångsman var skotten James Hutton som i ett digert verk [16] under slutet av 1700-talet, framställde en hypotes om ett cykliskt förlopp av bergsbildning (orogoni) och erosion. Berömda är hans ord "No vestiges of a beginning, no prospects of an end". Teorin utvecklades sedan av en annan skotte Charles Lyell, och kom att gå under benämningen uniformism eller aktualism. Denna teori förfäktade att inga geologiska processer skulle introduceras som man inte redan kunde observera i nutid, därav namnet "aktualism". Det innebar både en djärv extrapolering, nämligen att nutiden står som modell för all tid, inte olikt Newtons hypotes att de krafter som verkar på jorden även verkar i universum som helhet. Likväl som en konservatism. Katastrofer var i Poppersk mening ofalsifierbara. Såsom metodologi utgjorde det en revolution inom geologin, och Lyell kom att bli 1800-talets i särklass mest inflytelserike geolog, vars *Principles of Geology* kom ut i många upplagor och spreds till en stor krets. Under 1800-talet var den bildade allmänheten fascinerad av naturhistoria och geologi, det var även under denna tid de spektakulära dinosauriefossilerna uppdagades, och vetenskapliga kongresser

16 Digert, men också oläsligt bör tilläggas. Utan en sympatisk uttolkare hade dess ideer knappast fått någon spridning och därmed inget inflytande. Den sympatiska uttolkaren visade sig vara Playfair, samme man som formulerade den moderna varianten av parallellaxiomet och som vi redan tidigare mött. Den vetenskapliga världen var liten på den tiden.

bevistades även av stora skaror av lekmän.

Uniformismen har slående konsekvenser som alla goda teorier. Eftersom de processer man kan iakttaga är mycket långsamma drar man slutsatsen att jorden har existerat under en lång tid. Astronomin avslöjade de stora avstånden, medan geologin gradvis uppenbarade de långa tidsrymderna. Man talar om den djupa tiden. Detta innebar på sikt ett större hot mot den bibliska skapelseberättelsen än den heliocentriska världsbilden. Notera att katastrofteorin däremot kan göras förenlig med Bibeln, speciellt med den irländske biskopen Usshers notoriska datering av världens skapelse. Föga förvånande förkastade uniformister varje hänvisning till syndafloden som ovetenskaplig mytologi.

Begreppet naturhistoria tog sin form under 1700-talet. Deras främsta utövare tenderade att samla sitt vetande i encyklopedisk form, man tänker härvidlag framför allt på fransmannen George-Louis Leclerc de Buffon. Detta var en romantisk tid för vetenskapen innan dagens snäva specialisering. En annan naturhistoriker som sjösatte ett världsomfattande projekt var vår egen Linné. Hans målsättning var att likt en bibliotekarie katalogisera alla organiska former, inklusive de fossila. Denna katalogisering var väsentligen formell byggandes på principer utan djupare biologisk förankring, men likt den lexiografiska ordningen i en uppslagsbok ovärderlig och därmed i bruk än idag.

Vid denna tid började det bli klart att det fanns en tydlig korrelation mellan åldern på ett geologiskt strata och den flora och fauna som låg fossiliserad i den. Denna hypotes var inte helt okontroversiell, men den tillät en genväg till datering som fler och fler geologer skulle komma att utnyttja, om än endast i pragmatiskt syfte. I vilket fall som helt indikerade detta att den organiska världen genomgått stora förändringar under tidernas lopp.

En av de naturhistoriker som redan under slutet av 1700-talet utförde en genomgående kartläggning av forna epokers djurliv var fransmannen Georges Cuvier. Det rörde sig inte om ett simpelt katalogiserande utan ett djupt studium inom jämförande anatomin, där han var en föregångsman. Cuvier kom till slutsatsen att varje art var intrikat uppbyggd och varje liten förändring av dess anatomiska struktur skulle göra den ofunktionell. De var således något av perfekta skapelser. Cuvier blev därmed övertygad om arters invarians och oföränderlighet, samtidigt som han tog det som ett faktum att flora och fauna förändrades med tiden. Detta förklarade han lite svepande med migration. Vid den tiden fanns det fortfarande vita outforskade områden på jordytan och vem visst vad som där dväljdes? Däremot att arter dog ut motsade inte på något sätt dess invarians. Detta var en form av katastrofism som Cuvier bekände sig till, baserad som den var, inte på Bibeln utan på den fossila dokumentationen. Fransmannen Jean-Baptiste Lamarcks teorier om evolution ansåg han vara spekulativa och ovetenskapliga. Som Cuvier påpekade, det fanns inga anatomiska skillnader mellan en mummifierad katt och en nutida, trots de tusentals år som förgått under tiden. Utan någon empirisk förankring att extrapolera var sådant rena fantasier. De var helt enkelt ofalsifierbara, även om Cuvier inte skulle ha uttryckt sig så. Darwin skulle sedan starkt ta intryck av kritiken mot Lamarck.

*

Om Newton är 1700-talets vetenskaplige ikon, och Einstein 1900-talets är Darwin 1800-talets.

*

Vem var *då* denne Darwin? Han var en förmögen gentleman sprungen ur ett antal intellektuellt framstående engelska familjer som traditionellt gifte sig in i varandra. Hans hustru Emma var hans kusin, och hans farfar Erasmus en framstående matematisk fysiker, som bland annat hade framkastat teorin att månen hade uppstått ur jorden. Darwin själv var som ung man inte speciellt akademisk flitig eller framgångsrik, vare sig i sina medicinstudier i Edinburgh eller i sina naturhistoriska studier i Cambridge[17]: som många andra unga män av sin klass föredrog han förlustelser som att rida och jaga. Dock läste han under sin studietid en bok av William Paleys om hur den organiska världens ändamålsenlighet bevisade Guds existens, och han imponerades. Detta visar vådan av det deduktiva resonemanget. Efter avslutade studier erbjöds han en position som kaptenens kompanjon på HMS Beagle, vilket hans läkare till far motsatte sig såsom ett kvalificerat slöseri med tid men till slut övertalades att ge sitt samtycke till. En färd som skulle pågå under två år och undersöka Sydamerikas västkust visade sig bli en närmare fem år lång seglats och ta honom jorden runt. Det blev hans mognadsrit.

Darwin passade väl in i en tradition av naturalister verksamma under 1700- och 1800-talet. I England var det inte ovanligt att individer ur de välsituerade klasserna insamlade naturalia, som pressade växter, uppnålade insekter eller fossiler. Kyrkan utgjorde en karriärmöjlighet för bildade män utan nämnvärda tillgångar och prästyrket var i många fall en sinekur som gav möjlighet att utveckla intellektuella fritidsintressen.

17 I sin självbiografi koketterar författaren med sin medelmåttighet i skolan. Man kan tolka detta på olika sätt om man skall ta honom på orden. Kanske satte han inte någon håg i klassiska studier och speciellt tragglandet med Latin, ej heller i utantillrabblande? Eller var den intellektuella nivån på den tidens elever frapperande hög? Darwin fann den euklidiska geometrin elegant och fascinerande, och höjer sig därmed över de flesta nuvarande elevers nivå, däremot beklagade han senare i livet sin avsaknad av en djupare matematisk begåvning, och bekände att hans förmåga till invecklade resonemang var outvecklad, till skillnad från hans observationsförmåga och uthållighet. Hans långsamma resonerande ansåg han däremot ha utgjort en tillgång i det långa loppet och gjort honom mera samvetsgrann och obenägen till djärva spekulativa tankesprång.

Det är därför något missvisande att tala om darwinismen som ett stridsämne mellan liberala vetenskapsmän och reaktionära präster – överlappningen var betydande, liberala och reaktionära fanns i bägge läger.

Enligt mytologin var det finkarna på Galapagosöarna som fick Darwin att inse att evolutionen var ett historiskt faktum. Denna historia är väl något mera korrekt än den om Newton och äpplet, men är inte desto mindre en missvisande förenkling. Evolutionen såsom allmän förklaringsmodell ter sig i retrospekt närmast oundviklig, och det stora mysteriet är varför det fanns ett sådant utbrett motstånd mot att anamma det närmast självklara. Vi talar inte om en okunnig allmänhet, utan om den samtida biologiska expertisen. Två mycket tunga företeelser talar för evolutionen; den första den fossila dokumentationen och dess tidsberoende, den andra, den jämförande anatomin, som indikerade en släktskap och ett bildligt släktträd mellan olika arter. Ett förhållande som bara blev tydligare och tydligare ju djupare den jämförande anatomin drevs. Detta visar med all tydlighet att gräddan av naturhistoriker var evolutionister utan att vara medvetna om det. Den evolutionära visionen drev deras nyfikenhet och forskning. Man skall således göra klart för sig att det är en skillnad mellan evolutionen såsom ett allmänt erkänt faktum och en teoretisk förklaringsmodell för densamma. Det är det senare till vilken darwinismen hänsyftar, även om ingen före Darwin hade varit så systematisk i att presentera evidens för dess historiska förlopp. I och med accepterandet av evolutionen blir det bildliga släktträdet bokstavligt. Alla organismer levande såväl som döda kan passas in i en gigantisk graf[18] och begreppet art blir luddigt. I matematisk jargong är relationen

18 Graf är ett enkelt matematiskt begrepp som helt enkelt beskriver hur alla organismer kan förbindas med varandra. En organism A förbindes med en riktad pil till en organism B, om A är fader eller moder till B. Detta förutsätter sexuell fortplantning, men i det mera primitiva fallet kan vi förbinda med pil om B uppkommer genom A via delning.

artfrände inte transitiv. Man kan således inte över tid dela upp alla organismer i olika ej överlappande fack, så kallade arter[19], att däremot organismer naturligt sorteras i arter under givna tidssnitt är ett intressant faktum och tarvar en förklaring.

Som redan noterat, det första uppmärksammade försöket till att förklara evolutionen gavs 1800 av Lamarck. Det är känt som teorin om förvärvade egenskapers ärftlighet. Teorin involverar en princip av ökad komplexitet, som fortfarande spökar i den allmänna uppfattningen av darwinismen, och om anpassning till omgivningen. Hur omgivningen faktiskt påverkar arvet är en mycket svår fråga, och vetenskapen vid den tiden var inte tillräckligt utvecklad att föreslå några rimliga hypoteser. En annan teori framfördes av den med Darwin samtida Richard Owen, känd för att ha introducerat termen dinosaurie, samt uppmärksammat det nära anatomiska släktskapet mellan dessa utdöda djur och fåglar, långt innan detta återigen blev gångbart på 1980-talet. Owen var som anatom, likt många konstnärer i det förgångna, tekniskt oöverträffad i nutiden.

Enligt darwinismen skapar omgivningen ingenting, den bara väljer. Arvsmassan, vad det nu kan vara, finns där redan och testas av omgivningen. Endast individer som är anpassade till omgivningen får tillfälle att vidarebefordra sin arvsmassa. Det är som om vi sköt en massa kulor mot en tjock vägg med hål.

---

19 Matematiskt talar vi om ekvivalensrelationer och uppdelning av ekvivalensklasser. En relation R säges vara en ekvivalensrelation om aRa gäller (varje objekt är relaterat till sig självt, så kallad reflexivitet) samt om aRb gäller så gäller bRa (symmetri, om a är relaterat till b så är b relaterat till a). Och slutligen om aRb och bRc gäller, så gäller även aRc (transitivitet, om a relaterat till b och b relaterat till c så är a relaterat till c). Detta gäller inte för relationen artsfrände. Det självklara påståendet att en förälder till en människa är en människa, måste tas med en nypa salt! En ekvivalensklass består av alla objekt ekvivalenta till ett givet och därmed alla ekvivalenta med varandra. På grund av transitiviteten kan två olika ekvivalensklasser inte överlappa. Skulle artfrände vara transitivt skulle dess ekvivalensklasser utgöras av de olika sinsemellan disjunkta arterna.

Endast de kulor som passerar genom hålen har den rätta riktningen. Det är inte så att dessa kulor siktade mot hålen, de är utvalda genom att ha passerat genom dem. Darwin halverade problemet. Vad som återstod var att förklara hur organismen skapas ur sin arvsmassa, inte hur omgivningen inverkar på arvsmassan. Darwin hade ingen aning om vad arvsmassan egentligen var och hur den gav upphov till organismen. Detta kom att bli ett av de huvudsakliga biologiska problemen under 1900-talet.

Darwins lära var en metafysisk vision. Den var inte riktigt testbar och således enligt Popper inte fullt vetenskaplig. Men detta betydde inte att den var meningslös, som positivisterna kanske skulle ha varit benägna att anse. Darwinismen tillhandahåller en berättelse som ger mening åt en rik och förvirrad sensuell verklighet. Den hade den rätta platonska andan, även om filosofiska diskussioner bland biologer tenderar att dölja detta, eftersom de identifierar platonismen med en essentialism som tar fasta på arters oföränderlighet. En berättelse ger stadga, men framför allt provocerar den intressanta frågor. Popper ser metafysiken som en protovetenskap. Något tillspetsat kan man hävda att Darwin låg alltför mycket före sin tid för att vara vetenskaplig, men hade han inte varit före sin tid hade kanske de vetenskaper som hans lära genererade inte sett dagens ljus.

*

Fastän Darwin som bekant inte var den förste som förespråkade evolutionen, och inte heller den förste att föreslå hur den drevs fram, var han den som drog de radikalaste slutsatserna och lade fram teorin på det klaraste sättet, och av eftervärlden har han kommit att förknippas som evolutionslärans fader. Darwins teori om det naturliga urvalet innebar en lösning på ett problem som hade sysselsatt honom under årtionden. Man kan aldrig riktigt förstå en lösning om man inte har brottats med det problem som har gett upphov till den. Låt oss här begränsa oss till att med Popper anmärka att evolutionen är implicit i den organiska världens mångfald, via begreppet homologi. Man behöver knappast vara biolog för att identifiera nosen och ögonen hos en hund och inse att dessa homologier inte förekommer bland träd. Detta ger upphov till vad som redan berörts, nämligen släktskapsrelationer mellan olika arter, vilket har väglett naturalister i deras försök att klassificera denna kaotiska mångfald. Man kan tala om homologier även i andra sammanhang, till exempel inom språk eller filosofi, men då saknas den specifika empiriska förankringen.

Evolutionen i sin mest radikala formulering innebär att två godtyckliga organismer har en gemensam förfader. Det innebär, som vi redan påpekat, att man inte kan definiera relationen ”nära släktskap” som transitiv, såvida man inte trivialt inkluderar alla organismer, som nära släkt med varandra! Alla organismer utgör ett enda stort träd, livets träd, som inte kan uppdelas i specifika arter. Allt vi kan säga är att det förekommer populationer av individer som utbyter arvsmassa mellan varandra och att dessa populationer splittras när vi går framåt i tiden och smälter samman när vi går bakåt. Vidare uppstår en distinktion mellan homologa organ och analoga organ, ty de förra har inte längre karaktären av metafor utan pekar på ett faktiskt släktskap, de senare på konvergent evolution. När det gäller filosofiska begrepp, är en sådan distinktion inte alls lika klar. En stor del av Darwins arbete var att göra sådana distinktioner. Att vägledas av en bärande idé är inte bara fruktbart, det är även nödvändigt inom vetenskapen, för att formulera hypoteser och strukturera sitt material. Detta förstod Darwin mycket väl. Han påpekade att det finns ingenting sådant som en förutsättningslös observation: varje observation görs för att bekräfta eller vederlägga en hypotes. Darwins projekt var av encyklopediskt slag, och William James påpekade att Darwins enorma minneskapacitet kunde härledas till att detta projekt var så väl strukturerat.

Darwin verkade heller inte isolerat, han bedrev en omfattande korrespondens med kolleger och amatörforskare över hela världen, och hans evolutionära perspektiv delades av de flesta. Det var i naturens mångfald han fann sin sanna fascination, inte i abstrakta filosofiska idéer. Hans enkla idé om det naturliga urvalet hade värkt fram under en längre tid. Sedan barnsben var han bekant med husdjursavel, men det var resan med Beagle och mötet med den särpräglat diversifierade faunan på Galapagosöarna som öppnade hans ögon för nischens betydelse. Vidare tog han djupa intryck av det föregående århundradets ekonomiska tänkande och hänvisar bland annat till Malthus tes att naturen producerar långt mer avkomma än den kan försörja och att därmed ett obevekligt urval måste äga rum. Men Darwin hade inte bråttom, och det var först när han kontaktades av Alfred Russel Wallace, som gick och bar på liknande idéer, som han kände pressen att publicera sig och markera sin prioritet. Noteras kan att Darwins mentor Lyell, som vi redan tidigare träffat på, inte bekände sig till evolutionen, men inte desto mindre hade ett föredömligt öppet sinnelag och var kanske den som var mest drivande när det gällde att få Darwin att gå ut i offentligheten för att försvara sin prioritet. Denna prioritet kom dock att delas med Wallace, men sällan har någon varit mer förberedd än Darwin att ta tillvara ett gott uppslag. Till skillnad från Wallace var Darwin villig att inkludera den mänskliga intelligensen och hjärnan i det naturliga urvalet.

Fallet med Wallace och Darwin aktualiserar frågan huruvida vetenskapliga upptäckter ligger i tiden och om det är en tillfällighet vem som råkar komma först. Sådana upptäckter är inga personliga fantasier; å andra sidan bör man inte se teorier som något som framspringer logiskt ur empiriska data, de utgör högst personliga tolkningar. Det var nog ingen annan än Kepler som skulle ha kommit på tanken med elliptiska planetbanor och även han hade tur: om han istället för Mars koncentrerat sig på Venus, hade upptäckten varit betydligt svårare att göra.

Likaså är det långt ifrån självklart att man drar slutsatser om det naturliga urvalet ur det empiriska materialet. Att det faktiskt gjordes är väl en fråga om tillfällighet och kanske en indikation på att många var aktivt engagerade i problemet.

*

För att återknyta till Poppers falsifieringskriterier är det svårt att falsifiera evolutionen. Den uppenbara invändningen, som påminner om avsaknaden av parallax som ett argument mot den heliocentriska världsåskådningen, var att det inte fanns några felande länkar. Men frånvaro av evidens är inte samma sak som bevis för att någonting inte finns, och Darwin påpekade mycket riktigt att det är ett ovanligt öde för en organism att fossileras och att processen är slumpartad. Numera känner vi till betydligt flera fossiler än under Darwins tid, och vi har tillgång till ett antal hominida skelett för att illustrera människans biologiska utveckling. Sådana fynd är dock fortfarande sällsynta, och varje nytt fynd innebär något av en sensation, åtminstone i jämförelse med andra djur, vars utvecklingskedjor vi kan följa i mycket större detalj.

Att datera geologiska avlagringar via fossil förutsätter vissa precisa universella lagar, till exempel att man inte kan förvänta sig att finna hominida fossil bland dinosaurier. Skulle man mot all förmodan göra detta, innebar det inte nödvändigtvis ett dråpslag mot evolutionen, men vi skulle tvingas till en drastisk revidering av hur den egentligen har förlöpt. Popper påminner oss om att man inte skall se den fossila dokumentationen som bevis för att teorin om evolution är korrekt, som många biologer tenderar att göra. Man kan inte verifiera en teori, man kan bara kullkasta den. Fossiler skulle ha kunnat skapas samtidigt som allt annat – av en ond skapare som var ute efter att förvirra människan. En sådan hypotes vore å andra sidan helt ofalsifierbar och därmed helt steril.

Vår detaljerade kunskap om evolutionen tillåter faktiskt förutsägelser. Att leta efter hominida lämningar är som att leta efter en nål i en höstack. Man måste veta var man skall leta för att ha någon chans. Evolutionen förutsäger hominida lämningar, liksom geologin ger oss vinkar om var vi skall leta, och när vi har funnit dessa lämningar utgör de ett slags bekräftelse. Om man inte har funnit dem, vore detta inte att anse som en falsifiering: man kan bara ha haft otur. Däremot finns det varianter om hur livets träd har sett ut och hur evolutionen faktiskt har framskridit. Sådana teorier är lättare att falsifiera och därmed att modifiera.

Nyckelidén i darwinismen återfinns i frasen "the survival of the fittest", myntad av Herbert Spencer. Denne man var en av många som fascinerades av darwinismens rent filosofiska aspekter och dess tillämpningspotential i långt vidare sammanhang. Darwin lär ha beundrat Spencer och funnit många av hans idéer briljanta men samtidigt varnat för bristen på empirisk förankring. Darwinistiska idéer har längre fram fått andra mer eller mindre spekulativa biologiska tillämpningar, som utvecklingen av immunsystemet och bildandet av synapser i hjärnan. De har med framgång använts i evolutionär programmering, det vill säga att program evolveras fram istället för att designas, med baktanken att fiffiga lösningar skall uppkomma spontant, vilket knyter an till Poppers evolutionära epistemologi som vi skall möta i ett kommande kapitel.

Begreppet "fittest" har missuppfattats. Det har tolkats som de "starkaste", de "mest komplicerade" eller helt enkelt de "bästa", underförstått att dessa också skulle ha en moralisk rätt att överleva och att vi skulle gå emot den naturliga utvecklingen om vi försökte hindra detta[20]. Popper skulle givetvis opponera

---

20 Detta påminner om den marxistiska tesen att inte stå i vägen för den historiska utvecklingen utan att istället se till att det oundvikliga kommer till stånd.

sig mot ett sådant synsätt, precis som han opponerade sig mot historicismen som den kommer till utryck hos Marx. Att evolutionen leder till bättre och mera komplicerade individer låter förstås bestickande, särskilt som alla sådana teorier har ambitionen att förklara hur den höga komplexiteten och den slående ändamålsenligheten i den organiska världen har uppstått från en ytterligt primitiv början. Evolutionen som ett argument för den starkes rätt är en tanke som i efterhand orättvist har tillskrivits Spencer. Att sammankoppla denna med vissa politiska rörelser under 1900-talet innebär att fullständigt förkasta den. Dock skall man i sammanhanget inte glömma att fram till 30-talet var det populärt även inom liberala kretsar att propagera för eugenik, eller rashygien, vars idégivare anses vara Darwins kusin Francis Galton. Syftet var att befria genpoolen från undermåligt material via steriliseringar och aborter. Sverige var ett av flera "föregångsländer". Den svenska termen "rashygien" ger en handfast indikation på vad det lätt blev frågan om, även om eugeniken som sådan inte behöver ha något med rasism att göra. Det visar sig i själva verket att den genetiska variationen mellan olika slags människor är förvånansvärt liten, jämfört med andra däggdjurspopulationer; störst är den i Afrika, och den icke-afrikanska befolkningen som uppstod genom utvandring utgör bara en av denna kontinents stammar. Men även idag kan det finnas anledning att oroa sig för bruket av antibiotika, bortsett från den legitima oron att resistenta bakteriestammar skall uppkomma. Barn i det förgångna som inte överlevde barndomens sållades bort och endast de motståndskraftiga förde sina gener vidare. Följden av att vi blockerar en naturlig selektion kunde alltså göra oss mindre och mindre motståndskraftiga mot sjukdomar. Fortfarande vet vi emellertid för lite om arvet för att kunna dra en sådan kategorisk slutsats. Och om resistenta bakteriestammar uppkommer, löser sig problemet av sig självt för dem som finner det vara ett problem. Men framför allt: i en arts utveckling ingår förändringar av nischer. Det finns inga naturliga nischer. Om vi vill skapa en nisch som innefattar antibiotikaanvändning är vi fria att så göra. Den naturliga evolutionen är värdeneutral. Problemet är alltså att definiera vad som menas med "the fittest". Om definitionen baseras på "överlevnad", har vi hamnat i en logisk cirkel. Var och en som först förblindas av elegansen i denna definition måste förr eller senare undra om inte darwinismen är en tautologi och därmed en återvändsgränd. För att göra darwinismen mer vetenskaplig måste vi förankra den i en biologisk empirisk verklighet. Detta är givetvis inte ett problem för dem som har kommit fram till formuleringen den långa vägen, endast för dem som har kommit dit genvägen. Själva formuleringen bortser från ett underförstått antagande, nämligen arvet och minnet. De som är anpassade överlever och därmed kommer även deras avkomma att vara anpassad – om omgivningen är någorlunda stabil. För att vara tydlig: det är inte överlevnad per se som räknas utan förmågan att reproducera sig, vilket betyder att fruktsamheten är viktigare än själva förmågan att överleva. Vill man vara pedantisk bör man tala om förmågan att reproducera sig så att avkomman har stor möjlighet att reproducera sig. Och så vidare. Den viktiga frågan är hur reproduktionen går till, hur denna mekanism egentligen fungerar. Det var först med den stora syntesen på 1920-talet mellan darwinismen och Mendels ärftlighetslära som den förra blev i modern mening vetenskaplig. Därigenom gav darwinismen upphov till huvudparten av den biologiska forskningen under 1900-talet.

Ärftligheten visade sig vara diskret given av enheter som kom att bli kallade gener. Generna är packade i kromosomer, som kommer i par, var och en ärvd från vardera föräldern. Detta rör strängt taget bara den sexuella reproduktionen, en sentida uppfinning inom evolutionen. Encelliga djur förökar sig fortfarande genom delning, vilket gör det något problematiskt att tala om enstaka cellers identitet och död, och växter fortplantar sig ofta även asexuellt. Vidare kan genetisk information vandra ganska fritt bland säg bakterier men även bland växter; man talar om hybridisering. Biologin är kaotisk. Allt som kan inträffa tenderar att inträffa. Under 1900-talets första hälft gjorde fysiken spektakulära framsteg på mikronivån som även inverkade fundamentalt på kemin. I mitten av seklet började kemin för första gången på allvar invadera biologin, och biokemin uppstod. Den traditionella biologin, studiet av makrofenomen som zoologi och botanik, kom i vanrykte och avfärdades som frimärkssamlande. I och med klargörandet av DNA-strukturen öppnades helt nya forskningsvägar. Men samtidigt blev den biologiska forskningen mycket mera teknisk, och den gentlemansmässiga tradition, till vilken Darwin och hand samtida hörde, blev inte längre möjlig att upprätthålla. Stora laboratorier och forskningsgrupper blev stilbildande.

Genom förståelsen av DNA möjliggjordes ett mera detaljerat studium av den embryologiska processen – särskilt hur DNA kodifierar produkten av olika proteiner som tjänstgör som enzymer i vitala kemiska processer i cellen. Med andra ord började det bli möjligt att ana hur arvsmassan, genotypen, kunde skapa en organism, fenotypen.

DNA är basen för allt jordbaserat liv och ett kriterium för vad som är liv eller inte på jorden. Det finns ingen anledning att utesluta att liv kan baseras på andra molekyler, men sådana har inte påträffats någonstans. Detta ger en antydan om att kanske den verkliga flaskhalsen när det gäller liv ligger på det kemiska planet, med implikationer om sannolikheten av utomjordiskt liv. För övrigt är frågan om vad som är liv i en mera generell mening filosofiskt subtil – men med handfasta praktiska konsekvenser som för marslandaren i mitten av 1970-talet. Hur skulle denna kunna känna igen liv?

Det faktum att vi nu vet att DNA förekommer i allt jordiskt liv gör det möjligt att på ett helt annat sätt än tidigare angripa frågan om hur livets träd ser ut mera exakt. Genom att jämföra lämpliga DNA-sekvenser kan man i princip avgöra hur långt ifrån varandra två organismer står, baserat på principen att ineffektiva gener i genotypen, det vill säga de som inte påverkar fenotypen, bör förändra sig i en konstant hastighet. Tanken är att man kan finna fossiler inte bara i jorden utan även i DNA-sekvenser – ungefär som lingvisten letar efter språkliga fossiler.

*

Denna korta översikt har betonat darwinismens roll som enade vision – den håller samman separata tekniska subdiscipliner som hänger ihop som ett lapptäcke och dessutom är eminenta vetenskapliga verksamheter enligt Poppers kriterier. Dock på grund av specialiseringen kan man ironiskt nog vara en mycket kompetent biokemist och fortfarande förneka evolutionen, eller åtminstone förkasta det naturliga urvalet, precis som man kan vara en mycket kompetent doktor och fortfarande tro att Gud skapade världen för sex tusen år sedan. Darwinismen har helt enkelt inte samma fundamentala följder för vårt liv eller död som den moderna fysiken med sina termonukleära konsekvenser. Resistenta bakterier är en följd av anpassning, men en forskare kan vara fokuserad nog och tillräckligt intellektuellt ointresserad för att begränsa fenomenet till bakterier.

För att återvända till darwinismen. Det är notoriskt komplicerat att förutsäga evolutionens förlopp på grund av den stora variationen av livsformer. Anpassning kan ta många olika vägar. Att förklara hur en organism uppstod ur närliggande organismer och vilka anpassningstryck som drev fram denna utveckling är också extremt svårt. Man kan komma dragande med hur många förklaringar som helst. Så kallad evolutionär psykologi ger praktexempel på ”just-så historier”[21] som i avsaknad av falsifierande kontroller kan förökas obegränsat. Med andra

---

21 Kiplings just-so stories, i vilka han gav fantasifulla förklaringar till varför elefanten har en snabel och så vidare.

ord vad Kipling gjorde på skämt, gör den evolutionäre psykologen på blodigaste allvar!

Det fundamentala problemet består i att relatera genotypen till fenotypen. Genotypen är som sagt den genetiska uppsättningen bestående av DNA. Detta är ren information, som i princip kan kodifieras i ettor och nollor, och kan därmed, vilket vi redan påpekat, kopieras. Fenotypen är luddigare. I första approximationen utgöres detta av organismen, själva individen, vilken däremot är unik och icke-kopierbar. Det är dock problematiskt att skarpt avgränsa fenotypen, fysiskt är den inte begränsad till cellerna som karaktäriseras av att de innehåller de informationsbärande DNA:et, utan man kan argumentera att myrstacken är en del av myrornas fenotyp, ty myrorna anses vara genetiskt predestinerade att bygga myrstackar. Mera allmänt är det naturligt att i fenotypen även inkludera beteendemönster och annat som anses genetiskt bestämt. Den Darwinistiska dogmen består i att det är genotypen som kopieras, inte fenotypen. Lamarcks hypotes innebar att förändringar i fenotypen kunde kopieras till kommande generationer.

DNA har sin mest direkta inverkan under den embryologiska utvecklingen då en organism bildas. Man kan se detta som en mycket komplex beräkning som trots allt ofta genomförs framgångsrikt trots omgivningens störande brus. Exemplet på de intrikata strukturer som siamesiska tvillingar uppvisar falsifierar hypotesen att organismen är entydigt bestämt av den genetiska informationen. Vidare lever organismer i symbios med andra organismer, och på ett prosaiskt plan överförs moderns tarmflora till barnet i samband med födseln. Det är således omöjligt att återskapa en dinosaurie, även om vi skulle ha full tillgång till genotypen.

Problemet att förstå hur själva organismen skapas av den genetiska informationen är svårt nog. En förståelse skulle i princip innebära att vi skulle kunna simulera den embryologiska utvecklingen och ägna oss åt detaljerad genetisk ingenjörskonst. Att förstå hela fenotypen, som innefattar en organisms alla egenskaper, är betydligt svårare. Det finns alltför många egenskaper för att man skall kunna koda var och en av dessa med en korresponderande specifik gen. En egenskap beror på många olika geners samverkan, vilket betyder att en gen inte heller kan kopplas till en specifik egenskap utan dess manifestation beror på förekomsten av andra gener och kan således samverka i manifestationen av många olika egenskaper beroende på de olika gen-konstellationer den råkar befinna sig i. De få fall man har påvisat en någorlunda hög korrelation mellan förekomsten av en viss gen och en specifik egenskap har detta berott på att så många andra gener har hållits så att säga konstanta.

Dock manipulering av genotypen kan ske utan att man har någon detaljerad uppfattning om denna, i ett så kallat uppifrån-och-ner ("top-down") anslag. I alla tider har någon form av husdjursavel förekommit genom att man låter domesticerade djur med önskvärda egenskaper korsas med varandra. En slags konstgjord form av det naturliga urvalet praktiserad långt innan man var medveten om något sådant. Denna konstgjorda form är betydligt snabbare, man behöver bara betrakta fallet med hundar där en slående varians har avlats fram bara på några århundraden. Men man skall dock komma ihåg att variationen är ganska ytlig och att alla hundraser trots allt har en stor genetiskt likhet med varandra. I en naturlig omgivning renodlas inte anpassningen, utan många sinsemellan motstridiga anpassningstryck måste jämkas, vilket leder till att variationen utjämnas. Stephen J. Gould har liknat den evolutionära utvecklingen vid en fraktal kustlinje med många små vikar och uddar, vilka inte har något inflytande på den kontinentala nivån.

Hastigheten hos evolutionen, vilken varierar oerhört, man behöver bara påminnas av förekomsten av så kallade levande fossiler som kan bestå oförändrade under hundratals miljoner år, är ett intressant problem. Darwin oroades, som tidigare påpekats, storligen av Kelvins övre uppskattning av hur länge solen kunde ha strålat, ty denna hotade allvarligt att falsifiera hans teori[22]. På vad baserade Darwin sin intuitiva uppskattning av evolutionens nödvändiga tidsförlopp? Han kopplade samman evolutionen med de geologiska processerna, vilkas hastighet var betydligt lättare att uppskatta via Lyells geologiska uniformism.

*

Låt oss lämna denna utvikning om evolutionens hastighet och återvända till uppfödaren. Denne är ofta frustrerad över att önskvärda egenskaper är kopplade till mindre önskvärda. Kan det vara så att en gen programmerar för två olika egenskaper? Detta gör uppgiften att konstruera anpassningsscenarier komplicerad. Omvänt skulle en sådan egenskap såsom intelligens kunna vara resultatet av många olika gener. Ju mera komplicerat förhållandet är mellan genotypen och fenotypen, desto svårare måste det vara att komma fram till strategier för att optimera anpassningen. Vi antar att vi har två oberoende gener, som var för sig är helt neutrala, men som tillsammans skulle ge upphov till en individ som altruistiskt offrar sig för populationen i vilken den är född. Kombinationen skulle vara fatal för individen, men komponenterna skulle vara för sig vara bra för populationen som sådan, via sina eventuella kombinationer, och därmed föras vidare till kommande generationer. Som man kan sluta sig till av detta scenario är det möjligt att konstruera alla slags matematiska modeller och således stimulera en stor mängd datorsimuleringar för artificiella livsformer. Men det är

---

22 Kelvins uppskattning byggde givetvis på då kända energikällor, som vi redan påpekat, vad annars kunde den ha byggt på? Men som det skulle visa sig: dittills okända energikällor upptäcktes, som det radioaktiva sönderfallet, vilket skulle leda till kärnkraftsteorier om stjärnors energiförsörjning. Vi kan här tala om 'mirakel'.

svårt att fastställa på vilken nivå det naturliga urvalet opererar. Richard Dawkins blev känd för sin radikala argumentation att urvalet sker på gennivå, men han har senare påpekat att kladen insekter är mera framgångsrika än många andra klader genom att ha en mycket flexibel så kallad Bauplan[23] som tillåter en hel mängd olika anpassningar.

Den ultimata filosofiska frågan är i vilken utsträckning våra mänskliga aktiviteter, med speciell betoning på våra tankar, skall ses som konsekvenser av det naturliga urvalet. Med andra ord: i vilken grad de är genetiskt bestämda. Frågan går djupare än den klassiska arv-miljö-kontroversen, ty i det evolutionära perspektivet påverkar miljön generna. Man brukar säga att arv och miljö bidrar med hälften, vilket för en matematiker är ett helt meningslöst påstående. Kan det vara så att vår moral är följden av det naturliga urvalet – och att altruismen är genetiskt betingad? Den skenbara motsägelsen, att altruistiska personer har negativt överlevnadsvärde i förhållande till sina mer själviska fränder, kan som redan antytts lätt kringgås om man antar att altruismen beror på en kombination av flera gener. Enligt Edmund Wilson, känd för sin bok *Sociobiology* från mitten av 70-talet, är detta d.v.s. moralens genetiska grund också fallet. Hans åsikt har bestritts av Gould och Richard Lewontine, huvudsakligen på ideologiska grunder. Men genom den osäkra underbyggnaden måste varje åsikt i frågan vara sprungen ur ideologiska överväganden. Ideologier utgör bålverk mot vetenskap som är illa underbyggd och går utöver sina domäner.

Poppers hållning är klar. Han tar avstånd från en biologisering av moralen och det rationella tänkandet. Hans filosofiska ståndpunkt är närmast att beteckna som kartesisk, det vill säga

---

23 M.a.o. byggnadsplan. Detta tyska låneord är vedertaget för att beskriva en fast underliggande struktur, som är oförändrad under evolutionen. Insektens tre-delade kropp med sina sex-ben är urtypen för en sådan närmast arkitekturisk betingad, vars konkreta manifestation tillåter en stor variation.

dualistisk, om än en upplyst dualism. Delvis av ideologiska skäl har kontroversen som Wilsons bok föranledde bleknat med åren och dess budskap marginaliserats. Men detta betyder inte att de grundläggande problem har försvunnit. Vad är sanning? Är det bara något som är kompatibelt med människosläktets fortlevnad? Det vill säga vad vi finner vara sanning är bara en illusion, men en nyttig sådan ty den främjar vår överlevnad. Detta för över till pragmatismen, särskilt som den föreligger i William James entusiastiska utläggningar. Ett ganska stort mått av pragmatism är väsentligt för vår överlevnad: som organismer tvingas vi göra val och agera, oftast på basen av ofullständig information. Därav följer, enligt Hume, vår tendens att förlita oss på fenomen som upprepar sig – ja, i själva verket vägleds vi av en djup instinkt att finna regulariteter i naturen. Kant går längre än Hume och påstår att de regulariteter vi tycker oss finna i naturen är pådyvlade av oss själva. Denna koppling mellan det naturliga urvalet och vår epistemologi är ett centralt tema för Popper. Om man driver frågan till sin spets kan man undra om formuleringen av evolutionen och det naturliga urvalet endast är produkter av – evolutionen och det naturliga urvalet. Som sådana borde de således inte ges alltför hög dignitet.

Som synes kan diskussionen bli smått löjlig om man går till logiska ytterligheter – ett favoritnöje för matematikern. Befinner sig dessa frågor i utkanten av förståelsen av det mänskliga? Att ge utrymme för ett mera andligt perspektiv, över vilket darwinismen inte skulle ha något inflytande, vore något riskabelt ur intellektuell synpunkt. Vi kan få kalla fötter om vi närmar en vitalistisk teori för livet? Den kanske mest framträdande förespråkaren för genetisk determinism, Richard Dawkins, avslutar dock sin klassiska bok *The Selfish Gene* med ett upprop för att övertrumfa genernas tyranni. Att inte låta oss förslavas. Vad ligger bakom ett sådant upprop? Knappast genernas tyranni. En känslig fråga är om man kan ge en rationell och teknisk förklaring av medvetandet. Evolutionen erbjuder oss en närmast kontinuerlig skala: från människor till de mest primitiva organismer. Man skall inte glömma att det befruktade ägget, bortsett från den gömda informationen i DNA, utgör en mycket primitiv organism. När uppstår medvetandet i det evolutionära perspektivet? Eller när uppstår medvetandet i fostret? När blir fostret en människa? Kanske först långt efter födseln? Men som vi redan varit inne på: kanske medvetandet är ett framkallat fenomen som manifesterar sig som ett skutt endast när en tillräcklig hög grad av komplexitet har uppnåtts.

Om vi återvänder från dessa kanske något sterila filosofiska spekulationer till evolutionens mer vardagliga aspekter, bör vi hålla i minnet att denna är blind, den har inget mål, ingen framförhållning, och den har ingen medveten design. Den arbetar gradvis, men vissa hopp är större än andra, och varje organ den formar är det tillfälliga resultatet av många små på varandra följande steg, som vart och ett borde innebära en reproduktiv fördel, men kanske inte alltid: i biologin finns det alltid undantag. Evolutionen producerar sällan den perfekta lösningen: den arbetar med vad som råkar föreligga, vilket allt som oftast tvingar fram ganska klumpiga utfall. Darwin ansåg att *detta* mer än något annat utgjorde en övertygande evidens för frånvaron av en medveten skapare. Det antyder också att han var mera intresserad av evolutionens intrikata inverkan på den organiska världen än av dess rent abstrakta principer. Allt som sker under evolutionen är inte följden av anpassning. Varje uppfinning får oavsiktliga konsekvenser, och detta är i själva verket evolutionens kreativa drivkraft. Gould och Lewontine talar om kragstenseffekten (”the corbel effect”). Trafikljus utgör utmärkta hållpunkter när man ger väginstruktioner i en storstad, men det är inte därför trafikljusen uppfanns. Detta kan illustrera hur evolutionen arbetar. Den utnyttjar lösningar som har utvecklats för andra syften.

Evolutionär konvergens är en annan fascinerande aspekt. Likartade lösningar skapas för likartade anpassningsproblem.

Ett ryggradsdjurs öga och ett öga hos ett blötdjur, exempelvis en bläckfisk, är förvånansvärt lika, men deras ursprung skiljer sig åt. Ryggradsdjurets öga är en utväxt från hjärnan, medan bläckfiskens har uppstått ur ett hudveck. Insektens facettögon är exempel på en helt annan lösning. Dinosaurierna utrotades genom att jorden kolliderade med en asteroid. Denna hypotes, som framfördes omkring 1980, förkastades först som spekulativ: en katastrof av detta slag ansågs strida mot Lyells uniformitetsprincip. Å andra sidan genererade den så många falsifierbara konsekvenser att den drog till sig många forskares nyfikenhet. Faktiskt var detta den första hypotes som framlagts om dinosauriernas plötsliga utdöende med handfasta falsifierbara följder. Den gav en föreställning om hur svårt det är att förutsäga evolutionens förlopp: evolutionen bygger på en mängd faktorer, vissa av dem tillfälliga, vissa katastrofala. Effekten av den här händelsen blev att ett stort antal nischer öppnades för däggdjuren att fylla ut, vilket de också gjorde med besked, ty däggdjuren blev snart lika dominerande som dess föregångare hade varit. Ännu mer slående konvergenser uppstod när pungdjuren fick utveckla sig på en isolerad kontinent som Australien. Ändå kan dessa inte underordnas strikta universella lagar som inom fysiken, och matematiken spelar inte heller samma vägledande roll inom biologin som inom den strängare fysiken. Men det betyder inte att det inte finns utrymme för matematiken att manifestera sig i den organiska världen. En av de mest förförande och systematiska presentationerna av matematiskt-biologiskt tänkande finner man redan under den viktorianska eran, nämligen d'Arcy Thompson och hans *On Growth and Form*, speciellt kapitlet som behandlar skalningens effekt. Volymen, och därmed massan, ökar med kuben på dimensionerna; medan däremot skelettets och musklernas styrka växer med genomsnittsytan, d.v.s. med kvadraten. Ju större ett djur är, desto större del av dess vikt måste upptas av skelettet och desto svagare blir det versus sin massa. Detta ger en övre gräns över hur stora landdjur kan bli. En mus kan med lätthet både dagligen äta och bära en börda som överstiger dess vikt, medan detta inte är möjligt för en elefant. Detta sätter ramar för evolutionen. Det finns ingen teleologi i det naturliga urvalet, ingen drift mot något högre och mera komplext. Som utvecklingen av parasiter illustrerar: organismer kan lika gärna evolvera mot någonting enklare. Mullvaden har tappat sina ögon. Detta är inte resultatet av att ögonen inte längre är användbara och därmed förkastas de, utan att eftersom de inte är användbara har skadliga mutationer ingen praktisk betydelse. De förtvinar under evolutionens gång när det inte finns någon press att uppdatera dem. Detta är en illustration till den fysikaliska principen att entropin, populärt kallad oordningen, ökar. Däremot gäller denna princip inte i evolutionen, ty det naturliga urvalet uppträder som Maxwells demoner. Det gör ständiga val, likt demonerna förväntas stoppa vissa partiklar och släppa igenom andra beroende på deras hastigheter. Det som är denna princip som förklarar att evolutionen är någonting mer än en slump – en princip som för många är precis lika motbjudande som determinismen.

Civilisationen kommer i det långa loppet ha evolutionära konsekvenser, något som H. G. Wells utnyttjade i en av sina science-fiction historier från sekelskiftet. Men dessa kommer att ta tid på sig, och någon större evolutionär utveckling har inte inträffat hos den moderna människan de senaste 50 000 åren. Den moderna civilisationen kan mycket väl visa sig ohållbar och avbryta experimentet i förtid.

POPPERS TRE VÄRLDAR

Popper är en filosof. Att vara filosof betyder att man måste förhålla sig till omvärlden och därmed bli kategoriserad. Är man materialist eller idealist, eller en kombination av dem bägge, som den kartesiske dualisten? Popper erkänner inte bara två världar utan tre. Det är inte helt klart hur bokstavligt man skall tolka detta. Endast metaforiskt, det vill säga som en tankefigur, eller har Popper i åtanke en ontologi, således ett rent metafysiskt system i den klassiska meningen, och följaktligen ofalsifierbart?

Först och främst har vi den yttre materiella verkligheten. Att tro på en sådan verklighet bortom våra föreställningar om den är att vara realist. Popper är realist. Han erkänner givetvis att idealismen inte kan logiskt förkastas: den är i själva verket den mest logiska föreställningen. Att allt bara är en dröm kan inte motsägas, eftersom varje försök att förneka ett sådant påstående ingår i den dröm som förnekas. Men att anta en reell yttre verklighet är mera fruktbart och spännande, och man kan anföra många argument för dess existens (av den yttre verkligheten), utan att någon av dessa nödvändigtvis påtvingar denna (existens). Att vara realist är en fråga om val – ett metafysiskt val. Endast om man är realist uppkommer de problem som intresserar Popper och som han söker lösa. Han kallar denna yttre materiella värld för Värld Ett. Sedan beskriver han Värld Två. Det är den privata mentala världen, bestående bland annat av våra egna sinnesintryck, som aldrig kan direkt jämföras med de sinnesintryck som andra individer får[24]. Våra kvalia är våra egna och kan inte utbytas. Värld Två är våra egna tankar och känslor. Ur en rent materialistisk synpunkt är givetvis världarna av typ två delar av Värld Ett, eftersom man måste utgå från att man själv inte är den ende. Vi är dessutom alla uppbyggda av atomer, även om denna insikt knappast är något som vi föds med. Dock upplever vi dessa världar på helt annorlunda sätt, varför en distinktion är av nöden. Värld Två må visserligen uppstå ur Värld Ett, men det är Värld Två som är den direkt av oss själva upplevda världen, i och genom vårt medvetande.

Dessa världar är inga isolerade monader i Leibniz mening: även om den direkta erfarenheten av andras inre världar är omöjlig har alla dessa inre världar liknande strukturer. Matematiskt kan man tala om olika grader av isomorfismer. Denna strukturella isomorfi manifesteras via Värld Tre, som består av människans, det vill säga Värld Tvås, produkter. Det rör sig om språk, matematik, berättelser, teorier, uppfinningar, musikstycken, institutioner, pengar, lagar och förordningar med mera. Denna värld är tillgänglig för alla människor och äger en intrapersonell objektivitet. Men den är en mänsklig konstruktion och betyder ingenting alls utanför det mänskliga. Man måste med andra ord vara människa, ha rätt struktur, för att kunna ta del av den. Värld Tre kan också betraktas som världen av mänskliga tankar, men objektiva sådana som kan delas av alla, i motsats till de privata som är förbehållna den enskilda individen och kommer att gå i graven med honom. Det är denna värld som historikern Collingwood syftar på när han talar om att rekonstruera tanken i det förgångna. Värld Ett opererar direkt på Värld Två via alla sinnesintryck. Värld Två skapar Värld

---

24 Upplever du det som blått som jag upplever som rött? För att denna fråga skall bli meningsfull måste vi kunna direkt jämföra våra sinnesintryck, och detta är omöjligt. Att vi bägge pekar på en röd fläck och är samstämmiga om att detta är rött är inte en fråga om att jämföra våra sinnesintryck utan om att jämföra våra språkkonventioner.

Tre som inverkar på Värld Ett genom att på många olika sätt manifestera dess objekt. Men som alltid är det bara via Värld Två som Värld Tre kan interagera med Värld Ett. En uppfinning kan föreligga bara som en plan, men den kan också resultera i ett fysiskt objekt som uttrycker vad som tidigare endast var en kollektiv tanke. Såsom fysiskt objekt blir det en del av Värld Ett och förändrar denna. Varje uppfinning har därmed oförutsägbara och följaktligen oavsiktliga konsekvenser.

Popper anför Platon som den tredje världens upptäckare – med den skillnaden att den är av mänskligt och inte av gudomligt ursprung. Hegels uppfattning om ”anden” innebär en sammansmältning av Värld Två och Värld Tre, i det att Hegel utrustar sin ande med ett medvetande. Objekten i Värld Tre är autonoma, precis som Platon och platonisten Hegel hävdar med emfas. Ett objekt som skapats i Värld Tre är oberoende av sin upphovsman. Det kan bedömas som vilket objekt som helst i Värld Ett. Popper är även villig att införliva objekt såsom spindelnät och getingbon såsom element i Värld Tre (och går på det sättet utöver det strikt mänskliga ursprunget), även om de också är objekt i Värld Ett, i likhet med böcker, grammofonskivor och andra fysiska kodifieringar av objekten i Värld Tre. Det är en definitionsfråga, och Popper är ytterst ovillig att förlora sig själv i vad han anser vara pedantiska hårklyverier, men icke desto mindre anser jag att större klarhet uppstår om man betonar Värld Tres virtuella aspekt, nämligen att dess objekt är (huvudsakligen[25]) språkliga. Således blir en tanke objektiv först när den kan uttryckas i språk och delas av andra. Språket anses av Maynard Smith vara en av evolutionens tre stora uppfinningar, jämte den flercelliga organismen och den sexuella reproduktionen. Primitiva språk finns redan hos djur, påpekar Popper, till och med hos insekter, och de tjänar två syften,

25 En kvalifikation av nöden om vi också skall inbegripa icke mänskliga konstruktioner, som spindelnät, i denna värld.

dels det expressiva, dels det signalerande eller kommunikativa (som i biets honungsdans). Med människan lades ett deskriptivt syfte till, och först då kommer begrepp som sanning och falskhet in i språket. Så uppkom den argumentativa aspekten, med uppgiften att beskriva och bestrida sanningshalten i språkliga representationer.

*

Det är populärt bland personer verksamma inom artificiell intelligens (AI) att tala om singulariteten, det vill säga att den artificiella intelligensen blir så avancerad och överlägsen människan att den helt tar över. Som I. J. Good uttryckte det: den sista uppfinningen människan behöver göra är att uppfinna ultraintelligensen, sedan tar den ultra-intelligenta maskinen hand om resten. Om detta kan man ha olika meningar, men det säger någonting om den antagna autonomin hos Värld Tre. Frågan är om inte singulariteten redan har uppstått, genom språkets utveckling och skapandet av en tredje värld. Popper ställde sig skeptisk till allt tal om intelligenta maskiner. Turingtestet, som består i att en maskin skall anses ha ett medvetande om en människa är oförmögen att avgöra på grundval av svaren hon ställer till maskinen och till en mänsklig kontroll vem som är maskin och vem som är människa, förkastade han som intellektuellt trams. Ty förklarade han, genom att specificera en uppgift för maskinen att efterlikna indikerar vi även hur den kan programmeras.

Att ta del av en objektiv tanke är att kritisera den. Det är därför det är oundgängligt att den får en språkdräkt. Människors känslor och andra inre tankar kan inte kritiseras, de är privata angelägenheter. Att kritisera betyder inte nödvändigtvis att förkasta, även om all kritik innehåller element av förkastelse. Framför allt betyder det att modifiera och komma med alternativ. Viktiga tankar utgörs av problem. Att tampas med ett problem innebär att finna lösningar som kan kritiseras. Kritiken av en lösning innebär att nya problem träder fram, problem som är helt oförutsägbara. Detta är innebörden av kreativitet. Den kreativa tanken uppstår endast i kampen med ett problem, den kräver motstånd för att uppstå. En ny tanke har en mening bara i förhållande till det problem det står i relation till. Att gripa en tanke ur luften har föga med verklig kreativitet att göra.

Tidigare epistemologer har alltid utgått från Värld Två. Men kunskap, enligt Popper, är istället en fråga om interaktion mellan Värld Två och Värld Tre: om ett givande och tagande, om ett ständigt kritiserande och modifierande av objekten i Värld Tre.

Vetenskap handlar inte om fakta, utan ytterst om teorier. Vetenskapliga teorier intar en särställning bland objekten i Värld Tre. Teorier är skapade av människor, och detta faktum ligger till grund för den postmodernistiska skepticismen. De må vara skapade och formulerade av människor, vilka andra skulle kunna formulera dem? Men i och med att de är skapade föreligger de som objektiva företeelser. Vi påtalade detta i samband med uppfunna spel eller axiomsystem, som i och med att de explicit formuleras blir till objekt. En teori har liksom alla uppfinningar konsekvenser som endast gradvis framträder. En teori är vetenskaplig om den får konsekvenser som säger något om verkligheten och som kan testas, det vill säga undersökas med avseende på om dessa konsekvenser överensstämmer med faktiska förhållanden. Huruvida detta är fallet eller inte är någonting objektivt. Vi kan inte i förväg ställa upp en teori som garanterat kommer att stämma – åtminstone inte en falsifierbar sådan. En teori kan vara skapad av en människa, men huruvida den stämmer med verkligheten eller inte, är något som ligger utöver den skapande människans kontroll. Vem som skapar en teori är oväsentligt, i och med att en teori föreligger är den ett objektivt faktum. Denna objektivitet har ingenting med skaparens objektivitet att göra, och inte heller hur den har skapats.

En teori kan drömmas fram, vara en gudomlig uppenbarelse – detta har inget inflytande på en teoris objektivitet, eftersom teorier är per definition objektiva företeelser.

*

Objektiviteten föreligger inte i teorins uppkomst utan i att den kan prövas.

*

Popper betonar den kreativa processen i en teoris tillblivelse, den totala frihet som utmärker denna process, särskilt avsaknaden av föreskrivna tillvägagångssätt. I det avseendet ligger en vetenskaplig teori mycket nära konsten. Vad som skiljer konsten från vetenskapen är kriterierna för bedömning. I det konstnärliga fallet råder som tidigare påpekats subjektiva kriterier, och ytterst konstnären själv, medan inom vetenskapen är kriterierna objektiva och upphovsmannens intentioner och åsikter irrelevanta. Inom konsten är konstnären gud, hans intentioner måste respekteras till det yttersta. Detta kan leda till fetischism, inte minst inom den visuella konsten. En målning existerar endast i ett original, allt annat är kopior och förfalskningar. Detta är egentligen anmärkningsvärt. I vilken mån skiljer sig den välgjorda kopian från originalet ur en rent estetisk synpunkt? Även om det finns ”experter” som på rent estetiska grunder anser sig kunna särskilja ett original från en kopia, kan man inte annat än att anse dessa kriterier vara subjektiva. De mer vetenskapliga forensiska metoder som nu står en konstvärld till förfogande må visserligen kunna göra den till synes nödvändiga distinktionen, men frågan om den rent konstnärliga relevansen förblir obesvarad, såvida man inte hänfaller åt religiös mysticism och anser konstverken som rena reliker. Detta är egentligen vad som äger rum inom den kommersiella konstmarknaden, som för att kunna fungera må se tavlor såsom individer som därmed inte kan kopieras. Ur en rent konstnärlig synpunkt bör man intaga en pragmatisk hållning, i likhet med den vi snart kommer att möta genom C. S. Pierce. Däremot inom musiken och litteraturen utgör inte materialet en omistlig del av konstverket: om ett originalpartitur eller ett originalmanuskript förkommer är inte detta hela världen, så länge trogna kopior existerar. Man kan inte tala om förfalskningar, så länge det inte gäller originalmanuskripten som fysiska objekt. Manuskripten som fysiska objekt utgör inte konstverken, och till skillnad från målningen som endast kan manifesteras i materiell form, identifieras inte dessa med sina manifestationer och tvingas således inte vara unika. Det senare gäller inte heller fotografier, etsningar, litografier, eller gjutna skulpturer, som kan förekomma i flera exemplar, men kopieringen från förlagan, negativet, plåten eller lerklumpen, måste vara bokstavlig, och konstverket identifieras med de materiella kopiorna. Men som sagt kopieringen måste vara trogen, i musiken måste varje not i princip vara identisk med den som kompositören avsåg, och i litteraturen måste varje bokstav vara identisk med den som författaren ursprungligen plitade ner. I det senare fallet kan man dock möjligen rätta till rena stavfel, kanske ändra på interpunktionen, men inte röra formuleringarna som sådana. När det gäller översättningar är förhållningssättet friare: ett språk kan aldrig exakt och fullständigt objektivt översättas till ett annat, man måste tillgripa tolkningar, och kriteriet för en god översättning blir i hur hög grad översättaren har tolkat författarens intentioner inom ramen för den givna språkdräkten. Det föreligger inom översättningen ett spänningsförhållande mellan den bokstavliga översättningen och den idiomatiskt naturliga. En översättning kan givetvis till en hög grad falsifieras: man kan avgöra om översättaren är kompetent och huruvida denne har sinne för ordens valörer. Men dessa möjligheter till falsifiering kan aldrig drivas så långt som till att utnämna en speciell översättning till den kanoniska. En översättning skall tillfredsställa ett antal sinsemellan motstridiga kriterier som inte samtidigt kan uppfyllas eller maximeras. Avvägningar måste göras, och sådana avvägningar är alltid subjektiva, aldrig objektiva till sin natur.

Översättningar av litteratur har mycket gemensamt med uppföranden av musikstycken. Att uppföra är också att översätta. Partituren, noterna, är en kodifiering som måste bli föremål för tolkning. Således varierar uppföranden av ett och samma musikstycke, och denna variation behöver inte ha något med utövarnas kompetens att göra, precis som två mycket kompetenta översättare kan producera två ganska olika översättningar, med hänsyn till de avvägningar de väljer att göra. Kriteriet på ett musikuppförande, eller en översättning, skiljer sig inte så mycket från kriterierna på ett musikstycke, eller en litterär skapelse: i bägge fallen har vi att göra med konstnärliga uttryck. När det gäller matematiska eller vetenskapliga texter är texttrogen kopiering av mindre intresse. Vad som betyder något är innehållet, och detta kan gärna parafraseras utan att förorsaka någon förlust. Ja, en vetenskaplig text inte bara kan utan även skall förbättras. Så är det inte med en text av Shakespeare: varje ingrepp i den kan medföra förvanskning. Och det är just denna avsaknad av långsiktigt mål inom konsten som gör att man inte där på samma sätt kan tala om framsteg som inom vetenskapen. I speciella avseenden kan man givetvis göra detta, som i fråga om mimesis, alltså konsten att avbilda realistiskt, inte minst perspektivet. Här föreligger något objektivt, något som kan falsifieras. Och mycket riktigt går det att redovisa en sådan utveckling inom konsten: och en medeltida konstnär som Dürer uppfattade sig kanske inte bara som konstnär utan också som vetenskapsman, även om inte begreppet fanns på hans tid. Men denna fotografiska aspekt av den visuella konsten är bara en del av den, och i och med fotografiets införande, vilket i praktiken betydde att man kunde fixera en optiskt genererad bild, nådde denna sin fulländning och blev närmast irrelevant. Istället för att betrakta fotografiets intåg som måleriets död, enligt Delarouche, kan man snarare beskriva det som dess befrielse.

*

Poppers bevekelsegrund för att införa falsifieringskriteriet var att skilja vetenskapen från dess pseudoinkarnationer. Marxismen och freudianismen var två karismatiska läror som stod högt i kurs under Poppers formativa år. De utmärktes av krav på renlärighet och en tendens till dogmatism. Ur den renläriges perspektiv kan man inte förbättra Marx eller Freud, lika lite som man kan förbättra Shakespeare. De utgör sina egna kriterier. Vad man kan eftersträva är större och större trohet till deras visioner. Kriterierna är interna till sin natur, liksom som inom konsten. De är inte ägnade att prövas externt. Vad som gör en sådan tradition möjlig i det långa loppet är en betoning på icke-falsifierbara teser. Att förkasta dessa är uttryck för illvilja. Att betvivla en tes är att förkasta dess upphovsman. Att inte tycka om en tavla är att underkänna den som har målat den. Men att objektivt vederlägga ett påstående, säg genom en mätning, är någonting opersonligt. Resultatet av en sådan ligger utanför de medverkandes kontroll. Den visar vad som gäller, vilka de faktiska förhållandena är. Inför dessa måste man böja sig. Det är någonting ofrånkomligt. Den som får rätt har inte själv skapat denna rätt: detta ligger utanför hans vilja eller förmåga att påverka. Med andra ord: Marx och Freuds läror är att betrakta såsom konstverk så länge som de inte får konfronteras med och modifieras av en yttre verklighet utan ses som rättesnören. Harold Bloom inkluderar Freud i sin sammanställning över den västerländska kulturens hundra största andar – men inte som vetenskapsman, som Freud ville anses såsom, utan som essäist.

*

En teori är ingenting man kan direkt observera – den utgör en tolkningshypotes. I princip kan ett oändligt antal teorier vara förenliga med ett givet ändligt antal data. Det kan rent av vara så att två olika teorier kan tolka varje följd av mätdata man producerar likvärdigt. Detta påpekades redan av C. S. Pierce med ett exempel från kemin. Han drog därmed slutsatsen att man inte kunde särskilja de två teorierna ontologiskt, vilket ledde honom till att utveckla en pragmatisk infallsvinkel till vetenskapen, något som skulle inspirera hans kollega William James. Snarlikheten med Poppers falsifiering bör vara klar, och man kan således räkna honom som en av Poppers föregångare. Detta potentiella fenomen och dess ontologiska aspekter spelar i själva verket en roll i filosofin långt längre tillbaka i tiden. Den engelske skolastikern Occam påpekade redan under medeltiden att av många teorier skall man alltid välja den enklaste. Detta är känt som Occams ”rakkniv”. Det är således frestande att se teorier som gestalter som vi tillskriver egenskaper, som fixeringsbilder: antingen ser vi en gammal häxa eller en ung dam, fastän underlaget är identiskt. Tolkningen är inte en del av bilden utan en del av oss. På samma sätt borde en abstrakt teori vara en gestaltning, en struktur som vi förlänar en i sig neutral bild. Redan Kant var inne på detta när han talade om de strukturer, dit hörde den euklidiska geometrin, som vi använder för att tolka våra sinnesintryck – men att å andra sidan ”Das Ding an sich” var bortom vår fattningsförmåga, kanske rentav inte hade någon mening. Denna uppfattning om teoriers undflyende existenser renodlades i slutet av 1800-talet framför allt av Ernst Mach och gick under beteckningen instrumentalism. Den innebär att man ställer den platonska ontologin upp och ner. Vad som är verkligt är sinnenas värld, den vi kan ta på och se. Teorin är bara ett instrument och har ingen reell existens, inte ens en förklarande. Den tillhandahåller ett schema som tillåter oss att göra beräkningar och förutsägelser. Den katolska kyrkan hade inget problem med att sätta solen i centrum, så länge detta endast var ett sätt att förenkla beräkningar. Enligt Mach existerar inte krafter, vi har ju inga direkta sinnesförnimmelser av dessa, utan dessa utgör matematiska fiktioner. Mach förnekade existensen av atomer eftersom dessa inte heller kunde observeras med sinnena. På ett liknande sätt förkastade vid samma tidpunkt matematikern Poincaré frågan huruvida det fysikaliska rummet är euklidiskt eller icke-euklidiskt. Detta kan inte avgöras av observationer utan är helt enkelt matematiska konventioner[26]. Vi kan välja vilket synsätt vi vill, och det hänger på hur enkel vi vill att teorin skall vara – till exempel hur vi tolkar räta linjer. Det icke-euklidiska rummet kan modelleras i det euklidiska (och vice versa).

Popper förnekar inte elegansen i det instrumentella synsättet och finner det mycket bestickande. I grunden argumenterar han givetvis för att teorier är mänskliga uppfinningar och tillhör den så kallade Värld Tre. Men han vänder sig emot den instrumentella tolkningen av ett antal olika anledningar och påpekar att instrumentalister som Mach inte tillför diskussionen något väsentligt nytt utöver vad idealisten George Berkeley redan hade gjort på 1700-talet. Berkeley kan därmed även han betraktas som instrumentalist. Man kan inte göra någon klar åtskillnad mellan realiteten av direkta sinnesintryck och teorier. Varje sinnesintryck innebär en tolkning och ett provisoriskt accepterande av teorier. Sinnesintrycken är långt ifrån de enkla, oproblematiska och irreducibla, d.v.s. omöjliga att uppdela i mindre beståndsdelar – enheter, som de klassiska empiristerna antog och vilka de därmed ansåg kunna utgöra den bas på vilken de ämnade bygga epistemologin. Vidare innebär en god ny teori inte endast en förklaring av redan befintliga observationsdata (så kallad retrodiction): den pekar på möjliga observationer av en helt ny art. Den heliocentriska teorin har inte bara

---

26 Jmfr. Lobachevskijs inställning att frågan om den hyperboliska geometrins korrekthet var ytterst en empirisk fråga.

konsekvenser när det gäller planeternas punktformiga lägen på himlavalvet, vilka lika gärna skulle ha kunnat förklaras med en uppskruvad Ptolemaios, det vill säga genom att lägga till fler så kallade epicykler: den förutspår helt nya fenomen, såsom faser hos de inre planeterna. Symptomatiskt är att sådana inte kan observeras med blotta ögat: man måste ta teleskop till hjälp. Är en observation via ett teleskop att jämställa med en observation med blotta ögat? Vad sägs om en indirekt observation där ljuset först träffar en fotografisk plåt och sedan genom en kemisk process ger upphov till en bild? Är betraktandet av denna bild detsamma som en direkt observation av vad bilden föreställer?

Popper menar att det är stor skillnad mellan en retrodiktion och prediktion. Om man anlägger ett rent instrumentellt synsätt baserat på observationer är frågan om retrodiktion versus prediktion betydelselös. Observationer medför teorier och den ordning i vilken observationerna sker spelar ingen roll. Popper framhäver däremot den magi som det innebär att en ny teori visar sig ha konsekvenser som ingen tidigare har tänkt på och vilka provocerar fram helt nya observationer, för att inte tala om när dessa konsekvenser dessutom bekräftas. Den som formulerar en teori har kontroll över tillgängliga data. Man kan se teoribildningen som ett anpassningsförsök till dessa, och att anpassningen visar sig vara korrekt bör då inte vara speciellt förvånande. På samma sätt kan man i givna data läsa in allehanda mönster som föga förvånande passar in i dessa data, eftersom de är konstruerade att göra det. Däremot har teoribildare inte någon kontroll över framtida observationer, ej heller över alla konsekvenser man kan dra av en teori.

*

Den matematiska modellen är urtypen för en instrumentell ansats. Det är naivt att anta att en sådan modell är en del av den verklighet som den beskriver. Dess syfte är att tillåta simuleringar och förutsägelser. Den matematiska modellen kan förfinas genom att göras mera intrikat, introducera fler parametrar. Återigen utgör Ptolemaios skolexemplet på en matematisk modell. Yuri Manin karaktäriserar teorier som aristokratiska modeller. Maxwells ekvationer kan man förvisso se som matematiska modeller, men de är så mycket mera. Dessa ekvationer rymmer mycket mer än vad som ursprungligen sattes in i dem. De kan inte bara ses som recept för simuleringar och beräkningar: de har även en intressant struktur såsom ekvationer. Maxwells ekvationer visar sig vara invarianta under så kallade Lorentz-transformationer, dessa uppställdes av Lorentz, långt efter Maxwells död, för att beskriva symmetrin av den 4-dimensionella rumstiden, den matematiska beskrivningen av den speciella relativitetsteorin. Man kan således hävda att förborgad i Maxwells ekvationer finner man den speciella relativitetsteorin. Det negativa resultatet av Michelson-Morle-experimentet, d.v.s. ljusets hastighet oberoende av källans rörelse i förhållande till den fasta etern[27] förklarades av fysiker som Lorentz och Fitzgerald genom att längder kontraherades under förflyttning, vilket medförde att mätinstrumenten inte längre fungerade som de skulle. Detta är en typisk instrumentell attityd och motsvarar justering av parametrar i en matematisk teori. Ingen förklaring ges av att just längder skall kontraheras utan man nöjer sig med att påpeka att om man gör så stämmer allt. Detta är ett typexempel på hur man genom att "trixa" ("fudge") kan förhindra en falsifiering. Problemet är att man mycket lätt kan föreställa sig en massa andra saker man kan ändra på med samma resultat. Einsteins teori är annorlunda. Han postulerar en enkel princip, ljushastighetens invarians oberoende av referenssystem, ur

27 Se kapitlet om fysik

vilken kontraktionen, och en hel mängd andra konsekvenser, faller ut. Det är detta som gör att vi anser Einstein vara relativitetsteorins fader och inte Poincaré eller Lorentz, trots att de före honom presenterade samma formalism i form av, just det, Lorentz transformationer.

DEN EVOLUTIONÄRA EPISTEMOLOGIN

Kunskap är förväntning. Som sådan kan den aldrig vara säker, bara provisorisk. Popper framhåller att Kants stora insikt bestod i att innan ett sinnenas *à posteriori* måste vi ha ett kunskapens *à priori*, annars är vi oförmögna att tolka våra sinnen. Kants misstag var att förutsätta att detta kunskapens *à priori* var säker. Det var bara en förväntningarnas *à priori*. Våra förväntningar kan antingen uppfyllas eller svikas. I det senare fallet måste vi modifiera dem, det är det som menas med att lära sig. Förväntningarna behöver inte vara medvetna, inte heller modifieringen och därmed inte heller inlärningen. Alla organismer har förväntningar, och alla organismer som har förmåga att modifiera sina förväntningar har därmed även förmågan att lära sig. Den organism som inte har förmågan att modifiera sina förväntningar har inte förmågan att lära sig och måste plikta med sitt liv närhelst förväntningarna kommer på skam. Men inlärning utan minne är verkningslös; en modifierad förväntning måste minnas till nästa gång. Metoden är känd som ”trial and error” och det är denna som driver evolutionen.

Popper betecknar således sin epistemologi såsom evolutionär. Huvudpoängen är att omgivningen inte instruerar oss, vi som organismer är inte passiva mottagare utan aktiva aktörer. Vi ställs inför problem och ställer frågor. En fråga är endast en formulering av, eller mera allmänt, ett agerande på ett problem. Omgivningen begränsar sig till att svara ja eller nej på frågan. Det är allt vi har att gå på. När våra förväntningar infrias har vi fått ett ja, när de sviks har vi fått ett nej. Svaret på frågan utgör vår erfarenhet, vår direkta empiriska förankring. Detta är i korthet den darwinistiska selektionen. Lamarckismen förutsätter att vi instrueras av omgivningen, att vi passivt observerar och därmed fylls med kunskap. Popper refererar till denna uppfattning som "the bucket theory" och identifierar den med den klassiska epistemologiska traditionen företrädd av Locke, Hume, Berkeley fram till Russell. Vi är som tomma hinkar fyllda med sinnesintryck som vi strukturerar till kunskap genom någon slags universell metabolisk process. Vi smälter våra sinnesintryck, och i den mån denna matsmältning fungerar som den skall, erhåller vi då säker kunskap. Men hur går denna metabolism till egentligen? Lamarckismen ger upphov till ett problem som tycks större och mera svårbehandlat än det ursprungliga.

Evolutionen kan ses som ett ständigt försökande och ett ständigt eliminerande. Förväntningarna manifesteras via organismens genetiska uppsättning. De förväntningar som sviks, leder om inte till organismens död så åtminstone till lägre reproducerbarhet. På ett sådant sätt modifieras inte generna som sådana utan förekomsten av lämpliga genuppsättningar. De som inte håller måttet, de vars förväntningar inte är kompatibla med och inte kan säga vara anpassade till omgivningen, sållas helt sonika bort. Denna process är stegvis och kumulativ, kunskapen är nedlagd i generna, som utgör ett minne av föregångares erfarenheter. Således träder vi inte nakna in i världen, vi är inga tomma hinkar, inga oskrivna blad; vi kommer försedda med ett stort antal dispositioner, som långsamt har evolverats fram. Ett sinnesintryck är inte något direkt och irreducibelt, vilket de klassiska empirikerna antog. De intryck vi får måste tolkas och rekonstrueras. Vårt seende är i högsta grad aktivt. Vi ser vad vi letar efter. Seendet styrs av våra förväntningar. Detta kan exemplifieras genom alla dessa figurer vars syfte det är att "lura ögat". Det är givetvis inte ögat som luras, utan vår hjärna, våra strategier att rekonstruera. Observationer är alltid medvetna, som Darwin skriver, det finns ingen förutsättningslös observation, varje observation är gjord för eller emot en, hypotes. Hypotesen, det vill säga förväntningen, kommer först.

Den popperska epistemologin kan ses som analog, eller som Popper själv föredrar att uttrycka det, homolog med det naturliga urvalet: skillnaden är att det nu utspelar sig i Värld Tre. Organismer riskerar sina liv när de konfronteras med omvärlden, medan den som framställer en hypotes låter denne dö i sitt ställe. Medan organismen inte i onödan riskerar sitt liv, kan vetenskapsmannen medvetet offra sina hypoteser. Han eller hon provocerar fram konfrontationer och underställer sina hypoteser tester i syfte att förinta dem. Endast de tester överlever, som visar att de är anpassade accepteras, men endast provisoriskt och tillfälligt. Att en teori har överlevt är ingen garanti för att den kommer att så göra i framtiden, lika lite som en art som har frodats under flera miljoner år även i framtiden kommer att överleva.

Teorier utgör nya förväntningar som ersätter gamla. Men detta sker inte slumpvis: den nya teorin är en förbättring av den gamla, den är inte i Kuhns terminologi inkommensurabel med den föregående. Den nya teorin skall i princip förklara allt den gamla gjorde samt förklara det som den gamla gick bet på. Den nya teorin utvecklas från den gamla, precis som modifierade organismer i hög grad liknar de ursprungliga. Det rör sig om en lång tradition som så att säga organiskt utvecklar sig. Det förekommer inga tvära kast[28]. Tvära kast utmärker modets

28 Den uppmärksamme läsaren må här finna en motsägelse. Tidigare har jag betonat just den revolutionära aspekten av de epokgörande teorierna, hur dessa tycks komma från intet och därmed utgöra sanna kreativa skapelser. Däremot i den organiska världen tycks alla förändringar vara i högsta grad kontinuerliga utan skutt (*Natura non facit saltus*, enligt Linné). Det är visserligen sant att de epokgörande teorierna innebär förändringar på ett mycket djupare plan än man kan förvänta sig av en blind "trial and error", men de måste däremot passa in i en redan befintlig verklighet,

växlingar. De är slumpmässiga och irrationella. Inget mode är bättre än något annat, endast annorlunda. Varje modeväxling innebär en sann inkommensurabilitet och har som syfte att förklara helt andra saker. Man kan således inte längre tala om utveckling och framsteg, utan snarare om en cyklisk återupprepning av i princip likvärdiga företeelser, ty antalet moden är begränsat, och så länge den ändliga uppsättningen av moden inte ifrågasätts eller på annat sätt utmanas, kommer denna uppsättning inte att förändras.

Popper försöker precisera vad som menas med att en teori förbättrar en annan. Till varje teori kan man associera dess sanningsinnehåll och dess falskhetsinnehåll. Sanningsinnehållet består av alla sanna påståenden som kan härledas från detta, och dess falskhetsinnehåll alla påståenden som strider däremot. En ny teori utgör en förbättring av en gammal om den omfattar den gamla teorins sanningsinnehåll och dess falskhetsinnehåll. En kraftfull teori utmärks av sitt stora sanningsinnehåll, den säger mycket om världen, och eftersom allmänna teorier framför allt säger vad som inte är möjligt, så begränsar en kraftfull teori världen. Detta betyder att den strider i hög grad mot vad som *à priori* kan vara möjligt. Det finns många påståenden som kan falsifiera den. En kraftfull teori är sårbarare än en svagare teori. Den är således också osannolikare, den har mindre chans att vara sann, det vill säga överensstämmande med faktiska förhållanden. På detta sätt kan man tala om en svagare teori som en approximation av en starkare. Keplers teori om planetrörelserna är en approximation av Newtons, som inte bara är tillämplig på solsystemet, och Newton i sin tur är en approximation till Einsteins allmänna relativitetsteori. Ja, i praktiska tillämpningar som rymdfärder är Newtons helt tillfyllest. Man kan till och med kvantifiera denna approximation. Einsteins teori kan ses som parameteriserad av ljushastigheten c. När vi låter c gå mot oändligheten får vi så att säga en bättre och bättre approximation av Newton. Eller annorlunda uttryckt: Newton är ett specialfall av Einstein när $c=\infty$ *(oändligheten)*. Omvänt: om *c* hade varit en mycket låg hastighet, skulle den newtonska mekaniken på ett mycket tidigt stadium ha visat sig otillräcklig.

Den allmänna metafysiska slutsatsen kan uttryckas så att vetenskapen innebär en asymptotisk approximation till sanningen. Den slutgiltiga och fullständiga sanningen kommer aldrig att uppnås, men vi kommer att kunna närma oss den godtyckligt nära. Som Popper säger: sanningen utgör det regulativa inslaget i vetenskapen, precis som profiten inom kommersiella verksamheter. Med i den organiska evolutionen föreligger ingen regulativ princip alls, ingen som strävar efter större komplexitet. I denna trosbekännelse tar Popper direkt avstånd från postmodernisterna, med vilka han, som redan påpekats, inte sällan förväxlas.

*

Människan i sitt dagliga liv skiljer sig inte markant från forskaren. Ständigt konfronteras hennes förväntningar med omvärlden, hon kan uppställa hypoteser och testa dem, vilket innebär att hon medvetet försöker falsifiera dem. Det typiska för den paranoide är att hela tiden finna stöd för sin vanföreställning. Att finna stöd för en hypotes är ingen konst – konsten är att motsäga den. Och just häri ligger den mänskliga rationaliteten, att erkänna misstag och lära av dessa. Hume hade fel, menar Popper, när han hävdade att induktionens avsaknad av logisk underbyggnad medförde att människans underlag för sina handlingar var ologiskt och att hon följaktligen var en ologisk och irrationell varelse. Människan är rationell, men hennes rationalitet grundar sig inte på induktiva mönster, utan på hennes förmåga att lära av misstag, acceptera dem och modifiera sina förväntningar.

Ytterst handlar falsifiering om att ställa upp nya, djupare problem, att uppleva motstånd och begränsningar och stimulera sin fantasi och kreativitet. Kreativiteten spirar inte i ett vakuum, inte heller i total frihet. Det är bristen på frihet som får den att vakna. Frihet innebär inte frihet från externa krav, det externa har vi liten kontroll över; det är en frihet att utan dogmatiska begränsningar och förutfattade meningar komma fram till nya djärva hypoteser.

POPPER OCH DET ÖPPNA SAMHÄLLET

Popper är demokrat, men demokratin såsom det överlägsna politiska styrelsesättet är ett långt ifrån självklart faktum för honom – inte ens att det är att föredra framför andra är uppenbart. Churchill påpekade som bekant att demokratin är långt ifrån perfekt men att alternativen är ännu värre. Numera predikas demokratins välsignelser i skolan, och att ett parti vars demokratiska halt inte anses helt odiskutabel inväljs på demokratisk väg till en representativ församling anses vara ett hot mot demokratin. Enligt Popper är denna risk förknippad med det proportionella valsystemet. Anledningen till demokratibegreppets så gott som universiella uppslutning och att det ersatt kristendomen (t.ex. i Sverige) som bärande ideologi är att i de flestas ögon innebär demokrati folkstyre, vilket givetvis är ordets grekiska innebörd, och en garant för att folkets vilja får råda.

Redan här föreligger ett allvarligt problem. Vad är folket? Folket är en abstraktion och att tala om dess vilja är en metafor vars övervägande bildliga betydelse framgår när man försöker tolka den. Det gängse sättet att tolka denna vilja är att genomföra allmänna val. Denna procedur är numera allmänt förankrad och det anses att en stat har uppnått demokrati när fria och rättvisa val genomförs. Men detta är en formalitet, och det är långt ifrån klart vad ett val egentligen innebär. Och kanske den mest fundamentala frågan: hur kan vi anta att folkets vilja är den rätta? Att så godta folkviljans auktoritet är att vara politisk optimist, att ifrågasätta den är att vara politisk pessimist. Visa män tenderar att vara pessimister, medan optimismen blomstrar hos de naiva och okunniga. Demokratibegreppet rider på populismen, på övertygelsen om folkets inneboende klokskap och legitima krav på makt. Med populismen följer andra värdeuppfattningar av egalitaristisk art, som alla människors lika värde och förkastandet av rasism och sexism. Identifikationen har gått så långt att det ena förväxlas med det andra. Att vara rasist anses vara liktydigt med att vara icke-demokrat, och i allmänhet förväxlas egalitarism ofta med demokrati. Detta innebär en förenkling av demokratibegreppet. Populism har blivit något av ett skällsord och förknippas numera snarare med förvanskningar av den sanna folkviljan än med dess oförblommerade manifestation – förvanskningar som i folkets namn förordar just rasism och främlingsfientlighet och som inte till fullo anammar den egalitaristiska övertygelsen. Detta har återigen att göra med hur folkviljan tolkas: vem kan med auktoritet avgöra dess sanna natur? Det är inte säkert i ett val att ”rätt låt vinner”. Demokraten blir en elitist, som har förmågan att rätt tolka folkets vilja. Tidigare användes en annan term, ”massan”, men denna har av olika skäl fallit i onåd.

Vilken är grunden för den politiska optimismen? Popper härleder den till en optimistisk kunskapssyn, nämligen att sanningen är manifest och öppen för alla att skåda och förstå. Detta betyder så att säga rent statistiskt att den samlade folkviljan övertrumfar varje försök till bedrägeri och undanhållande. Man tänker osökt på talesättet: ”You can fool all the people some of the time, and some people all of the time, but you cannot fool everybody all the time.” Det är denna optimistiska syn på kunskapen som Francis Bacon ger uttryck för när han påpekar att naturen är en öppen bok som alla i princip kan läsa. Vad som behövs är endast observationer, och ur detta kan man med god vilja och öppet sinne sluta till sig kunskap. Kunskapen är inte förbehållen auktoriteter, varje människa har förmåga att av egen kraft tillägna sig all kunskap. Upplysningsprojektet innebär att alla människor kan bildas och att utbildningen ska vara inte bara tillgänglig utan även uppnåelig för alla. I förlängningen leder denna optimistiska kunskapssyn till en optimistisk syn på allas lika värde, speciellt till förkastandet av rasismen och sexismen. Vem kan ha något emot detta? Inte Popper i alla fall, som hävdar att han känner med hjärtat den största sympati för denna utveckling. Men han kan inte hålla med om att sanningen är manifest, att den kan massproduceras. Den är i själva verket mycket svår att finna. Detta insåg redan de gamla grekerna, och det är den skeptiska grekiska kunskapstraditionen, snarare än dess politiska, som Popper finner vara det värdefullaste arvet. Med andra ord Popper vänder sig på de bestämdaste emot demokratibegreppets populistiska och egalitaristiska övertoner.

Dessutom skulle den klassiska grekiska demokratin knappast kvalificeras som en sådan med våra kriterier. För det första fungerade inte det grekiska samhället utan slavar, som utgjorde en majoritet och givetvis inte hade någon politisk röst, inte heller var kvinnorna företrädda. Den grekiska demokratins tillkortakommanden var väl kända för Platon. Han identifierade folket med pöbeln och fann pöbelns tyranni inte vara stort bättre än en enskild tyranns. Även om han till äventyrs skulle acceptera begreppet folket och dess vilja, fann han ingen anledning att respektera denna vilja som rätt eller god.

*

Vem skall då styra? Detta är ett fundamentalt samhällsvetenskapligt problem som Platon konfronterades med, och hans försök till lösning presenterades i dialogen *Staten*. Lösningen bestod väsentligen i att detta viktiga värv skulle utövas av de visaste. Hur skulle dessa identifieras? Jo, genom att en elit formas genom ett krävande utbildningssystem. I Platons stat styr filosoferna, ty vilka kan vara visare än dessa? Denna intelligensaristokratiska syn har många tillskyndare, inte minst bland filosofer. Men, som Popper spydigt frågar: filosofer må sträva efter att bli kungar, men är kungar lika trakterade av att bli filosofer? Platons idealstat föregriper på många sätt kommunismen, också kommunismen hyllar en elit – partiet – som har gett sig uppgiften att rätt tolka folkviljan. Det franska systemet med elitskolor är ett annat exempel på hur Platons idéer kan försöka förverkligas. Poppers *The Open Society and its Enemies* utgör en svidande vidräkning med Platon. Platon är vis, det erkänner Popper utan omsvep, och i högsta grad beundransvärd, men hans lösning är vedervärdig och ett förstadium till fascismen. Hur kunde det gå så fel? Poppers kritik av Platon är inte lättvindlig, man tycker sig skönja en viss vånda, liksom Popper tycker sig finna en stor vånda hos Platon, när denne ska formulera sig politiskt. Det är som om Platon begår våld mot sina egna instinkter och talar mot sitt eget bättre vetande. Kanske känner han sig tvingad att göra så rent logiskt, något som Russell anser vara värt all respekt. Men inte ens detta håller måttet. Precis som Russell anklagar Hegel för intellektuell ohederlighet, anklagar Popper Platon för att vara en simpel propagandist. Poppers förklaring är att Platon ställde fel fråga. Uppgiften är inte att få de bästa och mest lämpade att styra, uppgiften är få en försäkran om att kunna göra sig av med de värsta utan blodutgjutelse. Detta är vitsen med det allmänna valet: inte att välja fram det bästa utan att kunna göra sig av med det värsta.

Popper vill med andra ord trots en pessimistisk politisk grundsyn undvika den auktoritära lösning som förespråkas av Platon och andra visa män, då som nu. Lösningen blir att återknyta till den skeptiska grekiska kunskapssynen. Det var grekerna, med Thales från Miletos, som startade den kritiska rationella traditionen som utmynnade i den moderna vetenskapen. Thales uppmuntrade sina adepter att kritisera honom och komma med alternativa lösningar – att inte uppfatta hans läror som dogmer, utan att föra en ömsesidig dialog med syfte att lära av varandra och aldrig förlora insikten om den egna okunnigheten. Idealet för Popper är inte Platon men dennes lärare Sokrates, som denne framträder i Platons dialoger. Popper sätter som ideal för den demokratiska staten den vetenskapliga diskussionen. Vetenskapliga frågor avgörs inte genom omröstningar utan genom diskussioner. Målet är den objektiva sanningen, inte den uppenbara eller den pragmatiska. Det finns inga givna kriterier för sanning, övertygelse är möjlig bara genom att man konfronteras med de faktiska förhållandena. Att hävda människors lika värde är en form av hyckleri om man inte klargör omständigheterna. I Poppers fall utgörs omständigheterna av den kritiska diskussionen. Var och en har en rättighet att delta och argumenten skall beaktas inte från utgångspunkten vem som för fram dem utan endast på deras egna meriter. Att en man är vis behöver inte betyda att hans argument är bättre än en dåres. Det är de faktiska förhållandena som bestämmer värdet av argumenten, inte människornas subjektiva uppfattningar om dem. Sanningen är objektiv och inför denna är vi alla lika.

Poppers förkastande av biologismen spelar en central roll i hans ställningstagande. Det öppna samhället utmärks just av att individen och kollektivet överskrider sina biologiska begränsningar. Ett slutet samhälle är ett i vilket individen är underordnad kollektivet, där var och en ingår i en organisk helhet. Ett slutet samhälle är naturligt stratifierat, ett kastsamhälle där var och en föds in i sin yrkesroll. Ett öppet samhälle är inte nödvändigtvis ett lyckligare samhälle än ett statiskt som mycket väl kan vara mer i samklang med den mänskliga hjordinstinkten och förenkla tillvaron högst väsentligt genom att vara mindre valfritt. Ett sant ekologiskt hållbart samhälle kan vara enklare och naturligare att åstadkomma i ett slutet samhällsklimat.

*

Vi kommer nu till den centralaste delen i Poppers filosofi, nämligen hur skall ett sanningssökande praktiskt gå till. Vad ställer det för krav på det omgivande samhället? Hur möts ontologin med epistemologin?

Först skall vi återigen försöka klargöra vad Popper menar med sanning. Till en början undviker han en definition av sanningen såsom varande ett odefinierbart och därmed metafysiskt begrepp. Därefter anammar han entusiastiskt Tarskis definition av sanning och anser denna vara slutgiltig. Med tanke dels på definitionens prosaiska natur och dels på dess formella syfte kan man finna hans entusiasm något ironisk, dock fastslår han att definitionen inte är ett kriterium för sanning, ty ett sådant är omöjligt att formulera. Den springande punkten är: Hur skall vi veta om ett test visar om en teori är kompatibel med de faktiska omständigheterna eller inte?

Det finns inga ultimata kriterier, liksom det inte heller finns uttömmande definitioner på ord eller precisa översättningar, det är alltid sammanhanget som avgör hur uttömmande eller hur precis man skall vara. Om det föreligger en konflikt mellan två parter om huruvida en teori är bekräftad eller inte, är de upp till dessa att försöka finna en gemensam grund. Om man skall övertyga mannen på gatan om att en atombomb faktiskt fungerar, räcker det inte att presentera de beräkningar och argument som ligger bakom, dessa är för gemene man obegripliga, utan man detonerar helt enkelt en bomb. För att avgöra att bomben faktiskt detonerar behöver man inte ha några fysikaliska kunskaper alls.

Detta gör falsifieringsbegreppet demokratiskt. Det är inte möjligt att hävda att endast den som är insatt i en teori är kapabel och legitimerad att kritisera den. Detta står i motsats till Kuhns paradigmperspektiv, ty i detta perspektiv är endast den som är insatt i paradigmen kapabel och därmed legitimerad att kritisera den. Detta synsätt innebär att man i princip alltid kan förkasta kritik som ett utslag av okunnighet. Däremot kan, enligt Popper, alla i någon mening testa en teori ty en teori har konsekvenser och i princip kan man för varje potentiell kritiker finna konsekvenser som ligger inom dennes kapacitet att kritisera. Detta är demokrati i sin essens, ett förhållande som jag aldrig sett Popper explicit påpeka.

Det är härvidlag viktigt att påpeka att det är en stor skillnad mellan att kunna uppställa en teori och testa den. Det första är normalt bortom de flesta människors kapacitet, det senare däremot i princip inom dess räckhåll. Sanningen må vara svår att finna men den angår oss alla.

Popper vänder sig således mot uppfattningen att personer från olika kulturer och traditioner inte kan kommunicera och anser denna vara onödigt pessimistisk. Ur denna pessimistiska missuppfattning uppstår inställningen att sanningen är relativ, att det inte finns en gemensam objektiv sanning utan att varje grupp har sin egen sanning, och därmed i förlängningen att varje sanning är lika god som en annan. Kuhns teori om inkommensurabilitet mellan olika paradigmer är ett uttryck för denna enligt Popper så fashionabla uppfattning. Popper menar däremot att det visst går att kommunicera över kulturella barriärer, man skall bara inte förvänta sig att sådana försök till kommunikation alltid skall leda till framgång i form av en konsensus. Det viktigaste är toleransen och den egna ödmjukheten. D.v.s. insikten att du kan ha fel och att den andre kan ha rätt, hur otroligt detta än till förstone må synas. Genom att diskutera kan man, om inte uppnå enighet, i alla fall komma sanningen något närmare. Diskussioner mellan parter som är överens må vara mycket behaglig men den är oundvikligen ganska tråkig och kan knappast vara speciellt fruktbar. Diskussionen mellan oeniga parter däremot kan vara mycket upplysande om än plågsam. Men med träning och god vilja kan man t.o.m. finna den behaglig. Vitsen med en diskussion är inte att ena parten vinner, utan att man kommer sanningen närmare. En diskussion är givande för dig, inte om du lyckas övertyga din motståndare utan om du lär dig något nytt, tvingas förklara din position bättre och förstå dina egna argument på ett djupare plan.

Popper betonar hela tiden toleransen, men denna måste ha sina begränsningar, den skall inte innefatta intoleransen, d.v.s. den skall inte tolerera vägran att deltaga i en diskussion för att istället tillgripa våld. Den som inte accepterar argument, kan heller inte övertygas via argument. Endast accepterandet av en tradition av rationell kritisk diskussion kan förmå en att så göra, vilket visar traditionens betydelse. Traditionen fortplantar sig från generation till generation, likt biologiska arter, men i likhet med dessa, om den en gång bryts, finns inga garantier att den någonsin kommer att återuppstå. Det är denna kritiska tradition som utgör själva förutsättningen för att vetenskapen skall kunna bedrivas.

I tillägg till intoleransen för intolerans bör även läggas kravet på att uttrycka sig klart och tydligt med en vilja att bli förstådd. Härvidlag vänder sig Popper mot filosofer som Theodore Adorno och Jürgen Habermas, som visserligen må vara retoriskt briljanta, men som enligt hans förmenande döljer bristen på tanke i verbala rökridåer. Därmed blir en fruktbar diskussion i praktiken omöjlig, eftersom de aldrig låter sig preciseras, och därmed inte ger något fotfäste åt kritiken. De vägrar att låta sig utsättas för möjlig falsifiering.

*

Vetenskapen kan endast fungera på social nivå. En isolerad människa är inte kapabel att bedriva vetenskap, hon är inte kapabel att osentimentalt och skoningslöst testa sina egna teorier. Endast om det finns en intressekonflikt, kan någon vara tillräckligt motiverad att försöka skjuta en teori i sank. Som Popper påpekar: om du vill ha en text ordentligt granskad, skicka den inte till en vän utan till en fiende. Endast en fiende vore motiverad nog att nagelfara den på jakt efter misstag. Det kan inte påpekas alltför ofta att det i allmänhet går att finna hur mycket stöd som helst för en teori – det väsentliga är att leta efter omständigheter som strider emot den. Endast om man misslyckas i detta värv kan man provisoriskt anta en teori.

Detta att söka falsifiera sin teori istället för att söka stöd för den, upplevs av många som perverst. Men även i det vardagliga livet är detta något vi instinktivt gör när riktigheten hos något är av avgörande betydelse för vårt välbefinnande. Kan detta verkligen stämma, i så fall bör detta och detta vara sant, och stämmer det verkligen? Vi anlägger ett perspektiv på det värsta scenariet för att försäkra oss. Om däremot korrektheten är en fråga om personlig prestige då söker vi stöd och undviker nogsamt vad som kan hota.

När det gäller naturen har den klassiska vetenskapen skördat stora framgångar, när det gäller samhällets problem är framgångarna inte lika uppenbara. Det finns ingen anledning att inte anta att även samhällets problem kan bli föremål för en rationell kritisk analys menar Popper. Men medan naturvetenskapliga problem med fördel kan angripas som rena problem utan tanke på tillämpningar, så är perspektivet på de samhällsvetenskapliga problemen annorlunda. Naturvetenskapen har lagt grunden till en avancerad teknologi som har haft djupa konsekvenser för samhället, men samhällskunskapen i sig utgör en direkt tillämpning, nämligen ett försök att utveckla en teknologi utan omvägen via grundvetenskap. Perspektivet är Poppers. Medan vi står utanför naturen i en viss mening något som med den moderna fysiken och biologin kan starkt ifrågasättas, så är samhället något vi befinner oss mitt i, något som vi själva skapat, och varje insikt i detta har omedelbar tillämpning. Popper inser att samhället har problem, att dessa måste formuleras och lösas. Han menar att det inte rör sig om renodlade vetenskapliga problem, men de faller ändå inom det kritiska tänkandets domäner. Människor lider av olika anledning: av fattigdom, dålig hälsa, brist på utbildning. Det är samhällets uppgift att göra livet drägligt för dess medborgare, men inte att göra sina medborgare lyckliga. Detta är ett individuellt ansvar. Samhällets ansvar är att minimera det negativa, inte att optimera det positiva.

Demokrati kräver goda institutioner. Goda institutioner kan förbättras men endast stegvis. Popper vänder sig mot en radikalism som vill riva ned från grunden och bygga upp från början. Institutioner har ofta lång tradition och att starta nya livskraftiga traditioner är inte enkelt. Man kan fråga sig om detta alls är möjligt. Rasera institutioner är att ägna sig åt experiment. De kan få oanade konsekvenser och innebära risker för människor av kött och blod. Genom gradvisa förändringar kan vi lära oss av våra misstag. När radikala ändringar av institutioner går i stöpet lär vi oss ingenting – evolutionen lärde ingenting av asteroidkollisionen, kollapsen av Sovjetunionen gjorde oss på inget sätt kunnigare. En tradition bygger på en moral, ofta formulerad som en ideologi. Om man raserar traditionen raserar man samtidigt den stödjande och vägledande moralen. Att påbörja en ny tradition innebär även att skapa en ny moral. Traditionen skapar moralen och ger samhörighet mellan människor över nations- och generationsgränser. Vad är det för nytta med att skapa en utopi för individer med en annan moral, varför skall vi offra oss för framtidens främlingar? Detta skall inte förväxlas med idén om förvaltning, att vi inte skall offra framtida generationer för våra egna egoistiska och tillfälliga behov.

Reformer har både oanade och oönskade konsekvenser. Ett ingående studium av detta fenomen framhåller Popper som en central samhällsvetenskaplig uppgift. Vidare hur skapar man traditioner? Många traditioner går långt tillbaka i historien, i själva verket har de rötter inte bara i människans förhistoria utan även i dess förhumana stadium i utvecklingen. Sociologin är mera fundamental än psykologin, hävdar han. Människan såsom social varelse är uppenbarligen en sådan djupt förgrenad tradition som man inte kan upphäva ostraffat, ty att så göra är att undergräva den mänskliga identiteten och försöka ersätta den med en bokstavligen omänsklig.

*

I sin andra del av *The Open Society* gör Popper en vidräkning med marxismen. Inte marxismen som etiskt projekt, han har största respekt för Marx etik och beundrar hans hängivenhet i sin självpåtagna uppgift att frälsa världen från dess ondska och därmed vitalisera det kristna budskapet. Popper sympatiserar med Marx diktum att filosofers uppgift är inte bara att beskriva världen utan att även förändra den. Men han vänder sig mot marxismens anspråk på att vara vetenskap, dess samhälleliga analys, och framför allt dess strävan att helt riva ned institutioner och ersätta dem med nya. Samhället kan inte förändras genom radikala grepp utan endast genom små stegvisa reformer som kontinuerligt kritiskt utvärderas och förbättras. Med andra ord via en metod av ”trial and error”, som i vetenskapen. Föga förvånande är Popper en vän av den fria marknaden, precis som demokratin och vetenskapen är en fri marknad av idéer.

Popper hyllar friheten, han ser den som ett självändamål. Den kan inte rättfärdigas genom hänvisningar till att den ger större välstånd och lycka. Friheten är nödvändig för det öppna samhället och för den vetenskapliga diskussionen. Man måste ha full frihet att konstruera och föreslå nya lösningar. I Värld Tre kan friheten vara total, och det gäller speciellt yttrandefriheten. Däremot är friheten i Värld Ett självmotsägande, ty den enes frihet kan inte få begränsa den andres. Popper är därmed för inskränkta friheter för den så kallade fria marknaden, men han påpekar samtidigt att det inte är helt klart vilka friheter som är lämpliga att begränsa. Friheten är viktigare än jämlikheten, men den ekonomiska friheten måste underställas krav på full sysselsättning och drägliga levnadsförhållanden för alla. Knappast överraskande beskriver han sig själv som socialdemokrat.

*

Den allmänna uppfattningen speciellt omhuldad av politiker är att vetenskapen skall bidra till människors välstånd. Den skall ha konkreta tillämpningar på för de flesta människor centrala områden, som hälsa, inkomst och utbildning. Denna syn innebär att vetenskapen skall kunna ge hårda fakta. Den är en garant för att vår ökade kunskap vilar på säker grund och den ger en metod för att effektivt generera kunskap. För att beskriva detta närmare skall vi nu särskåda tre vetenskaper, medicinen, ekonomin och didaktiken som är fokuserade på dessa tre centrala områden.

SAMHÄLLSNYTTIG KUNSKAP

Medicinen

Den vetenskap som kanske får störst utrymme i det allmänna medvetandet är medicinen. Detta är inte förvånande. De allra flesta är motiverade för att vara friska och behålla hälsan, kanske inte så mycket för att förebygga som att för rätta till när det har gått fel och man har blivit sjuk. Döden är normalt något man vill undvika till nästan varje pris. Det blir då av största vikt att kunna inhämta auktoritativa råd och erbjudas bästa behandlingar. Hur kan man avgöra detta? Den etablerade medicinen, ofta kallad skolmedicinen när man har anledning att betvivla dess auktoritet, anses vila på vetenskaplig grund. Vad menas med detta?

Först och främst överstiger de medicinska problem som konfronterar mänskligheten vida de sjukdomar som medicinen förmår behandla. Läkarkåren har inte friheten, som i så många rent intellektuella verksamheter, att välja sina problem, att ignorera de ohanterliga. Behandlingar följer av nödvändighet beprövade metoder. Vad som praktiserats tidigare, oavsett om det fungerat eller inte, utgör ett naturligt rättesnöre. Visst har det tidigt förekommit vågade experiment, men endast undantagsvis, ty en mycket viktig etisk komponent tillkommer och komplicerar den vetenskapliga undersökningen, som i alla samhällsvetenskapliga sammanhang. Individer, lär oss Kant, skall respekteras som subjekt i sig själva och inte objekt för andra syften.

Det kan hävdas att medicinen kom att bli en vetenskap först på 1900-talet. Vari består då den vetenskapliga grunden? Först och främst har vi anatomin och dess dynamiska aspekt – fysiologin. Hur ser människokroppen ut? Det finns bara ett sätt att finna ut, nämligen genom att obducera kroppar. Mot detta värjer sig de flesta människor instinktivt, eftersom det i mångt och mycket kan anses likvärdigt med likskändning. Och mycket riktigt: brottslingars lik som skändades i samband med bestialiskt utdragna avrättningar kunde ge värdefull anatomisk kunskap. Därtill kom gravplundringar, det var därigenom Leonardo da Vinci tillägnade sig sin anatomiska kunskap. Problemet kvarstår, även om obduktion av människokroppar inte längre utgör något hinder. Det finns en uppenbar lösning, via evolutionen, till problemet att inte kunna utföra experiment på människor, nämligen den att vi har artfränder med homologa organ. En stor del av kunskapen om människokroppen har uppkommit genom homologa studier – jag tänker givetvis på råttor. Eftersom vi nämnt Leonardo ger sammanhanget en utsökt ursäkt för en smärre utvikning.

*

Vi har behandlat relationen mellan konst och vetenskap, och Leonardo är väl den människa i historien som mer än någon annan har kombinerat dessa bägge kall. Av de två var det uppenbart den senare som stod hans hjärta närmast, den första var mera av en födkrok. Hans artistiska förmåga var honom behjälplig när det gällde att rita av och dokumentera observationer. Men man kanske bör anta att det var hans förmåga till observation som utgjorde basen för hans eminenta konstnärlighet. En teckning kan vara betydligt mera upplysande än ett fotografi. Ett fotografi är visserligen objektivt, men det betyder inte att det visar något som det ”verkligen ser ut”. Ett tredimensionellt föremål kan projiceras på ett otal sätt till planet.

Därtill kommer positionen av ljuskällor. Valet är subjektivt. Men en teckning kan gå långt utöver valet av belysning och kameraposition. En teckning är en syntes av ett observerande, som inte bara involverar olika perspektiv utan utgör en tolkning. Det väsentliga lyfts fram på bekostnad av det tillfälliga. I Leonardo da Vincis fall rör det sig om att förstå en detalj, det kunde vara funktionen av ett par skelettben, eller ådringen hos ett löv, eller grenstrukturen hos ett träd. En teckning blir därmed resultatet av en vetenskaplig undersökning. Ögat ingår en dialog med objektet, ställer frågor som antingen bejakas eller ej. Teckningen är ingen rent optisk avbild, den är ett uttryck för förståelsen av ett objekt. Om vi begränsar oss till objektets rent subjektiva aspekter rör det sig om modern konst; om vi däremot betonar dess objektiva aspekter blir det vetenskap, om än – som i fallet Leonardo – med utmärkande konstnärliga drag.

*

Obduktioner av lik ger endast inblick i döda kroppar. För att få en förståelse för hur levande kroppar fungerar behövs mer sofistikerade metoder. Harveys upptäckt och beskrivning av blodomloppet är ett exempel på en basal fysiologisk kunskap – fysiologi här i bemärkelsen dynamisk anatomi. Utan en ingående förståelse av en organisms anatomi, och dess därmed förknippade fysiologi, kan man inte bedriva någon seriös medicin. Under 1900-talet utökades kraftigt den tillgängliga medicinska apparaturen. Tänk på röntgenstrålningens revolutionerande inverkan! Men apparater i all ära, de minner om den förhatliga devisen ”Guns do not kill people, people kill people” som den amerikanska National Rifle Association spred under 1970-talet. Men vetenskapliga apparater utgör en mycket viktig del av allmänhetens uppfattning av vad vetenskap är. Därtill kom en ökad biokemisk kunskap. När det gäller tillämpningar är förståelsen mera rudimentär. Inom medicinen ställs man inför akuta problem och man tvingas skaffa sig någorlunda rimliga uppfattningar om vad som gäller utan att kunna förankra det i någon förståelseskapande teori. I ljuset av en teori kan man ställa frågor om kausalitet. I avsaknaden av en teori tvingas man ändå göra det. Om man utför den och den behandlingen, vad kan man förvänta sig? Man talar om statistik och man talar om korrelationer. Detta är ett centralt metodologiskt tema inom vetenskapen och lätt att förstå och som konsekvens därav bedrivs det oftast helt blint.

Full visshet är omöjlig att uppnå. Men sannolikhetslärans främsta uppgift är inte att kvantifiera sannolikheten eller bristen på visshet utan att systematiskt hantera vår brist på information. Det är inte fråga om att fastställa det och det resultatet med 99,99 procents visshet.

En typisk studie i medicin går ut på att undersöka effektiviteten hos en viss behandling. Gör den någon skillnad, och i så fall positiv eller negativ? I typfallet låter man en grupp individer utsättas för behandling och denna grupp jämförs med en annan grupp, en så kallad kontrollgrupp, som inte behandlas, givetvis kan grupperna bestå av samma individer, men i så fall nödvändigtvis åtskilda i tid. För det första: hur jämför man de bägge grupperna? För att förenkla kan vi anta att vi mäter dödligheten. Att avgöra om en person är död eller inte är i allmänhet ganska okontroversiellt, och man behöver i de flesta fall inte ens vara läkare för att kunna avgöra detta. Det implicita idealiserade grundantagandet är att det enda som skiljer de bägge grupperna åt är behandlingen, och att det är behandlingen som "orsakar" skillnaden i dödlighet. Därav följer den allmänna slutsatsen att så kommer att ske också i framtiden. Detta är rimligt, och i enlighet med en princip som vi, åtminstone enligt det sunda förnuftet, tillämpar i våra egna dagliga liv när vi lär från erfarenheten. Men erfarenheten kan också leda helt fel. Eller snarare: vi kan missbedöma vår erfarenhet. Innebörden i fenomenet vetenskap, som denna uppfattas av det stora flertalet, är att man på ett systematiskt och ingående sätt gör tillförlitliga bedömningar av erfarenhetsmaterialet.

Vårt grundantagande är att det enda som väsentligen skiljer grupperna åt är behandlingen. På individnivå är detta givetvis absurt, men om vi tar en tillräckligt stor population bör alla dessa olikheter ta ut varandra. Ur sannolikhetsteoretikerns synvinkel är detta en illustration av de stora talens lag. Man talar om att tillfälligheter tar ut varandra, utan att behöva veta vari dessa egentligen består. Men hur stor population bör vi räkna med? Det finns inga entydiga svar på denna fråga. Att involvera stora populationer är förenat med stora kostnader; å andra sidan tenderar sådana kostsamma studier att borga för kvalitet, inte sällan kvalitetssäkras en studie genom hänvisning till det stora antalet individer som ingått i den. Vad som är viktigare än gruppernas storlek är hur de väljs. Man talar om systematiska fel. I urvalet kan finnas väsentliga snedvridningar, med andra ord: skillnaden mellan två grupper beror inte endast på den aktuella behandlingen. Det finns inget systematiskt sätt att sålla ut alla systematiska fel. Många dolda egenskaper känner man inte till. Alla studier är behäftade med denna principiella svaghet. Ett välkänt exempel inom medicinen är placeboeffekten. Blotta urvalet, eller snarare att de utvalda känner till att de är utvalda, inför en snedvridning. Enda sättet att begränsa denna osäkerhet är att ha så mycket systematisk omgivande kunskap som möjligt, att ha tillgång till förklarande teorier, och därmed ”veta vad man gör”.

Att genomföra en studie om effekten av en viss behandling är givetvis ett test, ett försök till falsifiering om man så vill. Men för att kunna utföra en riktig falsifiering måste man veta precis vad man vill falsifiera. Det räcker inte att genomföra en studie, sedan se vad det ger för resultat och så tolka resultaten. Detta är alltför vagt. Ett resultat av en studie kan tolkas på hur många olika sätt som helst. Retrospektivt kan man finna ett obegränsat antal mönster oavsett omständigheterna. Värdet av en studie ökar ju mer man kan sätta in undersökningen i ett sammanhang. Om man på rent logiska grunder kan förmoda att en viss behandling skall vara effektiv, är en studie betydligt värdefullare än om man inte har några förväntningar alls. Den kan bekräfta vad man förväntat sig, och om inte så är det betydligt lättare att formulera följdfrågor inför kommande studier. Det är även lättare att undvika systematiska fel eftersom sammanhanget ger ledtrådar till vilka fel man skall vara på sin vakt för. En studie som utförs blint och utan större förförståelse är ofta helt värdelös, förutom att den givetvis i enstaka fall kan ge nya uppslag. Detta skall inte förväxlas med en blind studie där man medvetet försöker eliminera snedvridningar som kommer sig av förväntningar. Placeboeffekten är ett exempel på sådana. Vetenskapen är inte en räcka av isolerade fakta, den är en berättelse från vilka fakta faller som mogna frukter.

Men förutsättningslösa studier genomförs. Det är populärt att testa inte bara en enstaka behandling utan flera. Vad kan hjälpa mot cancer? Säg specifikt prostatacancer. Granatäpplen, choklad, pasta, alkohol, mjölk, spenat, morötter? Listan av möjliga födoämnen kan göras godtyckligt lång. Och detta är bara början. Man gör en studie och finner att granatäpplen har en markant god inverkan. Studien är öppen i den meningen att den inte skall testa en redan formulerad hypotes utan den skall ge oss ny oväntad kunskap. Ingen hade någon aning om att just granatäpplen skulle vara så nyttigt. Detta sätt att bedriva vetenskap är bestickande och, misstänker jag, helt i linje med vad de flesta tror att vetenskaplig verksamhet går ut på. Mycket av den rapportering vi får oss till livs består just framsteg av denna typ: enstaka fakta såsom att choklad sänker risken för kvinnor att få stroke med 20 procent, eller att kaffedrickande motverkar demens. Tycker man om choklad ger detta en anledning till att frossa ytterligare, dricker man inte gärna kaffe blundar man och inväntar den motsägande studie som förr eller senare måste komma. Problemen med sådana resultat är att de är isolerade, de ger ingen förklaring och kan således vara resultat av rena tillfälligheter. Om man kastar tre tärningar ett par hundra gånger kan man vara ganska säker på att någon gång kommer tre sexor upp. Om man på samma sätt testar ett par hundra olika ämnen kommer anmärkningsvärda korrelationer att dyka upp. Detta är något vi rent statistiskt förväntar oss. Om vi betraktar en datamängd kan vi alltid finna ett otal mönster. Precis som de slumptal som genereras i samband med säg bankärenden på internet. Hur ofta finner vi inte ett mönster i dessa slumpmässigt genererade sex-siffriga eller nio-siffriga tal och vi förvånas. Misstaget är att se samband *a posteriori* snarare än att formulera dem *a priori*. En datamängd som ger upphov till en hypotes (och detta kan inte påpekas alltför ofta, alla medel är tillåtna när det gäller att formulera hypoteser) kan inte samtidigt tjäna som empiriskt underlag för denna hypotes. Detta är att gå i cirkelgång. Hypotesen, efter att den är formulerad, måste testas på nytt. Det finns ingen hejd på antalet hypoteser man kan formulera som en given datamängd "bevisar".

En vetenskaplig metod skulle innebära att man kunde göra tillförlitliga studier systematiskt, i en process där man sållar bort alla systematiska felkällor och därmed väljer ur representativa grupper på vilka man kan testa. En sådan metod existerar inte. Forskare som använder statistik förstår inte alltid vad de håller på med. Statistiken är förprogrammerad i en dator, och vad som kommer ut har per definition vetenskapligt behandlats. Statistiken är det inget fel på, den är objektiv och i högsta grad vetenskaplig. Varje tillämpning av matematiken måste ske med ett visst sunt kritiskt förnuft och med sammanhanget i åtanke. Detta förfarande kan inte mekaniseras.

Denna beskrivning av medicinsk forskning må vara i mångt och mycket missvisande. En hel del av den är på mera grundläggande nivå men kanske oftast en fråga om biologisk ingenjörskonst; men den forskning, huvudsakligen kliniska, som kommer till allmänhetens kännedom, är nästan uteslutande av den statistiskt korrelerande typen vi har risat ovan.

*

Medicinen har inspirerat samhällsvetenskapen mer än någon annan naturvetenskaplig disciplin, och den har, av skäl jag just förklarat, gett dåliga förebilder. Men man skall inte glömma att medicinens problem är, såsom alla samhällsvetenskapliga problem likartade vardagslivets. Beslut måste fattas, antingen man har tillräckligt underlag eller ej. Och man kan inte förvänta sig att detta underlag alltid kommer att vara strikt vetenskapligt framtaget.

Popper betonar ödmjukheten och uppmanar oss att vara medvetna om hur mycket vi inte känner till. Medicinen har gjort ovedersägliga framsteg och kan ofta göra sjuka människor friska, men inte friska människor friskare. Även under Antiken kunde en människa bli hundra år gammal. Människans åldrande följer ett naturligt förlopp och att fler människor blir gamla betyder inte att åldrandet har bromsats, utan bara att fler människor räddas kortsiktigt från åldrandets risker. Medicinen kan i bästa fall approximera ett friskt förlopp, inte överträffa det. Därvidlag har den moderna medicinen haft framgångar, som t.ex. behandling av diabets typ I med insulin, eller att stävja infektioner. Medicinska behandlingar är i högsta grad falsifierbara, ytterst råder det ingen tvivel på hur de skall tolkas. Operationen kan vara lyckad men patienten dör likaväl, och det är det senare som skall räknas. Men ingenting tyder på att vi står på tröskeln till en revolution inom medicinen som skulle dramatiskt förlänga vår aktiva livslängd. Sådana spekulationer som involverar genmodifiering och mekaniska transplantationer hör till science fiction. Inte ens en så förhållandevis enkel sak som hjärtat, väsentligen endast en pump, kan idag ersättas med en mekanisk sådan. (Hjärt- och lungmaskiner är givetvis en annan sak).

Slutligen bör påpekas att medicinens sociala välsignelser inte i främsta hand står att finna i dess spetskompetens. Spektakulära hjärttransplantationer kommer en försvinnande liten del av mänskligheten till godo. Däremot tillgång till rent vatten och sanitära framsteg har bidragit mer än något annat till den allmänna folkhälsan.

Ekonomin

Av alla samhällsvetenskapliga discipliner är ekonomin den mest sofistikerade, åtminstone i fråga om tekniska matematiska hjälpmedel. Men avancerad matematisk apparatur utgör ingen garanti för vetenskaplighet, den kan användas för att lägga ut dimridåer. Grundläggande termer inom ekonomin som tillgång och efterfrågan var troligen kända redan under antiken. Ränta må vara ideologiskt suspekt, men pengar är inte bara som ett medel för att underlätta utbyte av varor utan också i sig en vara. Detta är återigen ett exempel på hur en mänsklig uppfinning (pengar) har oförutsedda konsekvenser. Handel har varit ett genomgripande tema i den mänskliga historien. Med ökad handel uppstår en mer sofistikerad process som innefattar dubbel bokföring och bankväsenden, men utan att denna på något sätt är begreppsmässigt förstådd och designad. Handel är en mänsklig uppfinning och bestås därmed av en objektivitet som tillkommer alla den tredje världens objekt. Handel handlar ytterst om rikedom och välstånd.

Den förhärskande uppfattningen fram till 1600-talet var att jordnära varor som föda utgjorde rikedom inte bara för individen utan för nationen i stort. Denna efterträddes senare av merkantilismen som i pengar (ädla metaller) såg nationens rikedom. Detta innebär uppenbarligen att lyfta upp begreppet rikedom på ett något abstraktare plan. Medan anhängare av det förra synsättet söker att öka importen och begränsa exporten som en åderlåtning av samhällets resurser, strävar de merkantila krafterna efter att öka exporten som inkomstbringande, under det att importen tär på det ackumulerade kapitalet. En mognare syn på vad rikedom egentligen innebär presenterades inte förrän i slutet av 1700-talet av Adam Smith, vars verk symptomatiskt nog hade titeln *On the Wealth of Nations*. Detta är väsentligen ett moralfilosofiskt arbete och inte ett rent vetenskapligt. Smiths arbete är inte matematiskt, även om det innehåller embryon till en matematisk modellbyggnad; dess värde består i ett antal fundamentala insikter vars tillämpningar sträcker sig långt utöver rent ekonomiska. Man kan argumentera att Smith har haft ett djupare inflytande utanför än inom nationalekonomin. Smith är känd för metaforen ”the invisible hand”: principen att ett ytterst komplext skeende, som de ekonomiska aktiviteterna i ett samhälle, inte är följden av en genomtänkt strategi utan resultat av individuella val och beslut med ytterst begränsade mål, som till synes går stick i stäv med de allmänna målen. Det är den lokale handlarens egoism som ytterst får samhället att fungera. Darwin tog intryck av detta synsätt när han formulerade principerna för det naturliga urvalet och förklarade som vi redan sett, på ett närmast tautologiskt sätt, hur ordning kan uppstå ur kaos utan medveten design. Denna parallellitet mellan evolutionsteori och ekonomi blev mycket fashionabel under slutet av den viktorianska epoken, och den framträder än idag. Det är populärt att framställa organismer som ekonomiska aktörer med syfte att, mer eller mindre blint, optimera sina reproduktiva framgångar, medan ekonomiska aktörer är ute efter att identifiera möjliga nischer inom den ekonomiska verksamheten och etablera sig där. Betecknande nog har de matematiska modellerna inom ekonomi och evolutionsteori stora likheter via de matematiska teknikerna – jag tänker speciellt på spelteori, de utnyttjar, till vilket jag tänker återkomma.

Adam Smith ekonomiska idéer fick stort genomslag i det marknadsliberala tänkande som bredde ut sig under 1800-talet. Efter att ha ifrågasatts under 1900-talet har de mot dess slut återfått sin status av etablerad sanning. Demokrati och fria marknader anses ju vara intimt förbundna med varandra. Smith har blivit de radikala marknadsliberalernas guru, men deras läsning av honom, i den mån de överhuvudtaget läst Smith, utgör en vulgarisering och en förenkling av hans verk. Smith var moralist. Mycket av vad dagens uttolkare förhärligar ansågs av Smith vara förkastligt. Många av hans moraliska reservationer leder faktiskt tankarna till Marx, som givetvis hade läst honom och influerats.

Ekonomi kan inte separeras ur sitt mänskliga sammanhang. Ekonomi är en studie i historia. Omvänt kastar ett studium av historien ljus över ekonomin. Ekonomiska beslut kan inte betraktas apolitiskt utan är i högsta grad beroende av värderingar. Kan man överhuvudtaget tala om ekonomi såsom vetenskap? Finns det sanningar inom nationalekonomin som man inte kan bortse ifrån utan att råka i klistret? Var den sovjetiska kollapsen följden av en objektivt misskött ekonomi, med katastrofala följder för landets försörjning som under charlatanen Lysenkos regim på växtförädlingens område? Är misären i Nordkorea en effekt av att man är okunnig om elementära ekonomiska fakta, eller att man cyniskt väljer att ignorera dem? Det har varit populärt att betrakta kalla krigets epok som ett experiment, där den fria marknadsekonomin ställdes mot planhushållningen – ett experiment som med Berlinmurens fall utföll till den förras definitiva fördel. Som kontrollerat experiment lämnar det mycket övrigt att önska. Även i kapitalistiska länder har under krigstillstånd ett stort mått av planhushållning införts, och uppenbart är att de ryska och kinesiska regimerna har tagit avstånd från sin tidigare ideologiskt motiverade iver på det ekonomiska området – i det förra fallet bokstavligen över en natt. Den kinesiska modellen har utmärkts av en mera gradvis och målmedveten övergång, med fasthållande vid gamla symboler inklusive formell Mao-dyrkan. En mindre uppmärksammad revolution har inträffat i Indien under 1990-talet. Den självständiga statens förste ledare Nehru förespråkade en tredje väg och anammade element av sovjetisk planhushållning för att åstadkomma snabb industriell tillväxt. Resultaten var på det stora hela nedslående och ett ekonomiskt uppsving har uppstått först under de sista tjugo åren, genom en så kallad liberalisering. Frukterna har endast kommit en minoritet till godo, låt vara att det i absoluta tal rör sig om rätt många människor. Huruvida marknadsekonomins triumf är vetenskapligt baserad eller ej är en sak; att den kan upplevas som sådan har att göra med att den så att säga är självbekräftande. Självbekräftelsen smälter ideologiskt samman med den globaliseringsprocess som inleddes under 1800-talet (och ytterst initierades av upplysningen) men fick tillfälliga avbräck genom vad som hände under de bägge världskrigen, mellankrigstiden och det kalla kriget.

Poppers vän och kollega Hayek förklarar elegant denna paradox om krigsekonomins effektivitet trots planhushållningen, och därmed även varför den senare under krig är norm även i ett kapitalistisk system. I de exceptionella omständigheter som ett krig innebär råder det en stor konsensus om mål, och en exceptionell benägenhet hos individer att underordna sig kollektivets bästa. Normalt är inte detta fallet. Som tidigare påpekats kan det inte gälla total frihet för individer att agera, ty detta är av nödvändighet självmotsägande. Hayek vidareutvecklar detta dilemma genom att tala om personliga sfärer, inom vilka individer äger frihet att agera. Dessa sfärer är av nödvändighet ganska små och begränsade bland annat av individers kompetens. För Hayek är det av största vikt att varje individ har en sådan fredad zon. Vidare är det bara i den personliga sfären vi kan tala om en individs moral. En individ kan givetvis moralisera över större sammanhang, men detta kan aldrig gå utöver det moraliserande. Men det är ofrånkomligt att personliga sfärer överlappar, livet är fyllt av konflikter. Ekonomins roll är att hantera intressekonflikter, genom att introducera prioriteter. Ekonomins roll i samhället är således att underlätta beslutsprocesser. Hayek betonar att alla dessa små beslut måste vara lokalt fattade och endast av dem vilka de berör. Analogin med Smith osynliga hand och abstraktionen av marknaden är uppenbar. Men givetvis må det visserligen vara så att de flesta beslut är av lokal art men icke desto mindre finns det beslut som angår många, och då blir situationen genast mera komplicerad och politisk. Det är således inte en tillfällighet att politisk kompetens till stor del identifieras med ekonomisk kompetens, ofta uttryckt i termer av "creating jobs".

Kan man axiomatisera ekonomin på samma sätt som man kan göra med den klassiska mekaniken och sannolikhetsteorin? Finns det en ekonomisk teoretisk kärna vars utsagor kan testas och falsifieras och som kan ligga till grund för en objektiv och systematisk ekonomisk undersökning? Termer som tillgång och efterfrågan är suggestiva nog att upplåta sig åt matematiska modeller – dynamiska modeller baserade på gradienter och flöden samt fokuserade på olika jämviktsförhållanden. Dessa modeller kan göras tillräckligt sofistikerade för att ge upphov till intressanta rent matematiska frågeställningar, och man kan en smula elakt fråga sig hur mycket av ekonomisk forskning egentligen rör dessa sekundära effekter precis som en programmerare kan tillbringa en stor del av sin tid med att programmera diagnostiska program för att utröna varför hans egentliga program inte fungerar som det skall. Vidare är det slående att den matematik som fysiken inspirerar till ofta kan framgångsrikt hanteras med fysikalisk intuition, medan det veterligen inte existerar någon motsvarande ekonomisk intuition. Följaktligen är det långt ifrån klart att förståelse för den matematiska modellens ekonomiska rötter utgör en klar fördel för att lösa de matematiska problem den genererar.

Ekonomer sätter upp matematiska modeller i hopp om att kunna göra förutsägelser. Men varje matematisk modell innebär en nödvändig förenkling. Detta skall inte ses som en svaghet. Intelligens och slutledningsförmåga innebär, enligt William James, att man från en förvirrande mångfald av data sållar bort allt som inte är absolut relevant. Detta är vad vi gör hela tiden i det dagliga livet när vi löser problem, och det är oftast oförmågan att se hur detta sållande skall genomföras som leder till att vi kör fast. Problemet med ekonomisk modellering är att den ytterst baseras på mänskliga val som med nödvändighet antas vara rationella, det vill säga mer eller mindre förutsägbara. Det är uppenbart att människor inte fungerar så. Man gör inte hela tiden beräkningar för att optimera sina intressen, bland annat för att de senare inte alltid är lätta att identifiera, och i de fall de trots allt är det, är det heller inte lika självklart vilka beräkningar som bör och hur de ska utföras, inte minst i realtid. Däremot kan man bortse från rationalitet när man modellerar förlopp inom säg populationsdynamik i den organiska världen, med vilken ekonomin i övrigt delar många aspekter. Det finns givetvis olika strategier för att undgå problem som följer med rationalitetsantagandet. Man kan strunta i de enstaka aktörerna och se det hela statistiskt. Det är så man kan förklara hur det uppstår balans mellan tillgång och efterfrågan. För diffusionsmodeller inom klassisk statistisk mekanik kan man anta att varje partikel rör sig slumpmässigt oberoende av alla andra partiklar. Inte desto mindre är det med ett stort antal partiklar ofrånkomligt att i genomsnitt fler partiklar kommer att röra sig mot ett glesare område än tvärtom – detta av närmast tautologiska skäl – och effekten blir då en utjämning. Detta har således ingenting att göra med att partiklarna känner ett sug mot det glesare området. De är partiklar och känner varken 'sug' eller någonting annat. Det är ett rent statistiskt fenomen som inte låter sig förklaras på individnivå. Den mekaniska modellen utesluter inte i princip att alla luftmolekyler skall vandra till ena halvan av rummet. Sannolikheten för att detta skall hända är dock så otroligt liten att universum själv förväntas bara existera en försvinnande bråkdel av den tid man förväntar sig kräva för att detta fenomen skall observeras. Man kan således ställa upp termodynamiska lagar såsom att värme kan spontant inte överföras från ett kallare medium till ett varmare. I ekonomi är det betydligt mera komplicerat. Antalet individer är bara en bråkdel av antalet partiklar, och dessutom är individer inte omedvetna partiklar utan kan känna 'sug' och allt möjligt som ger oförutsägbara återkopplingar, åtminstone på individnivå, till de ekonomiska skeenden.

Ett sätt att behandla denna ökade komplexitet är via spelteorin som introducerades av den framstående matematikern och fysikern John von Neumann, (som även kan ses som den programmerbara datorns fader), tillsammans med ekonomen Oskar Morgenstern. Aktörerna agerar under olika strategier med syfte att optimera vissa funktioner (d.v.s. att vinna). Med detta söker man ta hänsyn till att mänskliga ekonomiska aktörer är tänkande och aktiva, och inte blint underställda abstrakta principer. Vidare vill man fånga den komplexitet som det innebär att ett spel i och med att det spelas ändrar själva förutsättningarna för själva spelandet, att det innefattar oundvikliga konflikter som inte rationellt kan upplösas, utan utgör veritabla självmotsägelser, ett anatema i ett strikt deduktivt system, men som hör till verklighetens lott när det gäller sociala relationer. Spelteorin, som introducerades av John Maynard-Smith inom biologin, har visat sig kunna presentera mycket eleganta förklaringsmodeller inom etologin, speciellt när det gäller insekter och dylika organismer. När det gäller människor däremot, är föga förvånande tillämpningarna något mera kontroversiella. Människor värjer sig, i likhet med Dostojevskijs källarmänniska, att få sin tankeverksamhet reglerad, speciellt, som ovan antyddes, att alltid förväntas agera rationellt. Vidare kräver sådana ekonomiska modeller kvantifieringar, det må vara prioriteringsordningar eller värderingar av nyttan eller önskvärdheten av säg varor eller tjänster. Det är tveksamt huruvida människor medvetet kan göra sådana prioriteringar eller med någon större grad av noggrannhet uppskatta positioner på en värdeskala. Huruvida de kan göra det omedvetet, som i fallet med insekter, är en intressant filosofisk fråga. Inom mekaniken är kroppars massor avgörande för hur de kommer att röra sig, utan att kropparna själva uppenbarligen har något medvetande i därom överhuvudtaget. Matematiska modeller innefattar en hög grad av förförande precision, men det är osäkert om dessa kan hårdras som i fysiken och kemin, för att inte tala om matematiken.

Matematiska modeller ekonomer sätter upp kan givetvis testas, på samma sätt som meteorologiska prognoser och i princip även klimatologiska sådana, även om dessa av uppenbara tidsskäl är svårare att direkt omsättas i handling. De senare bygger på välkända och etablerade fysikaliska principer som tillåter naturliga formuleringar i termer av partiella differentialekvationer eller likvärdiga tekniker. Dessa leder till beräkningar, nämligen att man tar reda på modellens kvantitativa konsekvenser. Som bekant är väderleksprognoser inte alltid tillförlitliga, men detta ses aldrig som falsifieringar av grundläggande fysikaliska principer: det är förenklingen i modellerna som är huvudproblemet. Antalet datapunkter ifråga om temperatur, fuktighet och lufttryck som krävs för tillförlitliga förutsägelser är alltför glest spridda och alltför fåtaliga. Ur matematisk synpunkt rör det sig om så kallade hyperboliska problem: förloppet är alltför känsligt med avseende på begynnelsevillkoren. Eller mera tekniskt uttryckt: lösningarna divergerar exponentiellt. Det får som praktisk följd att medan man kan göra hyggliga prognoser för ett par dagar framåt är det ogörligt att framställa prognoser som sträcker sig över en vecka eller mer. Har man fler väderstationer får man fler data att bearbeta och beräkningarna kommer då att ta längre och längre tid, och det finns principiella begränsningar för hur snabbt de kan genomföras på grund av ljusets ändliga hastighet. Om man omformulerar prognosuppdragen från att ha mycket specifika ambitioner till att bli mer ”storstilade”, så kan man givetvis utsträcka prognostiden väsentligt, vilket gör klimatmodeller möjliga. Att förutsäga en vinter på vinterhalvåret kräver inte mycket beräkningar; att förutsäga snömängden under en viss dag är åtskilligt intrikatare. Detta är inte mera förvånande än det faktum att det inte är omöjligt att med ganska stor noggrannhet göra demografiska förutsägelser medan det är omöjligt att göra individuella sådana. Skillnaden mellan att undkomma ett olyckstillbud med blotta förskräckelsen och att omkomma är oftast hårfin.

*

För att återgå till ekonomin behöver inte modellers framgång eller brist på sådan bero på grundläggande antaganden utan de kan vara en effekt av modellernas inneboende matematiska instabilitet. Och i avsaknad av en grundläggande teori – som man håller sig med inom meteorologin – blir modellbyggandet mer av ett *ad-hoc*-företag. Detta gör det svårt att bedriva ekonomiska undersökningar systematiskt, särskilt att göra effektiva återkopplingar mellan teori och empiri. Men eftersom matematiska modeller naturligt och lätt ämnar sig åt inbyggda parametrar, står det varje modellbyggare fritt att variera dessa. En tillräckligt flexibel modell kan i efterhand justeras med avseende på parametervärden så att den kan bekräfta varje tänkbart förlopp. Sådana öppna modeller, alltså med icke specificerade parametrar, kan vara notoriskt svåra att falsifiera: även om varje specifikt exempel inte håller måttet, finns alltid möjligheten att ett ännu inte prövat parameterval kommer att lyckas. Är ett sådant trixande förenligt med vetenskap? Skall man tolka Popper bokstavligen, är det inte det. Men spektaklet är uppenbarligen inte begränsat till ekonomin utan kan uppstå inom alla discipliner som tillåter tillräckligt sofistikerade numeriska modeller, inklusive fysiken själv och inte minst kosmologin.

En jämförelse mellan ekonomin och medicinen kommer att halta betänkligt på individnivå. En enskild individs hälsa behöver endast i undantagsfall inkräkta på någon annans, jag gör undantag för transplantationer, oavsett om donatorn naturligt förolyckas eller medvetet offras. Detta gäller inte inom ekonomin. En persons rikedom, speciellt om den är omåttlig, kan inkräkta på andras möjligheter. Hemligheten med framgångsrik aktiespekulation är att inte göra det som de flesta andra gör d.v.s. inte följa skocken och dessutom göra de rätta valen. Man förundras över svenska politikers naivitet när de vill göra aktiekunskap till obligatoriskt skolämne för att eleverna som vuxna ska få möjlighet att förkovra sig finansiellt genom spel och dobbel! Det finns inget vetenskapligt sätt att göra sig rik på börsen. Per definition kan medeltalet av alla spekulanter inte göra bättre ifrån sig än vad aktiemarknaden i genomsnitt ökar (eller minskar). Det är inte heller självklart att effekten av att alla försöker maximera sin aktievinst nödvändigtvis har en positiv effekt på ekonomin i sin helhet. De urval som ligger till grund för sådana optimeringar behöver inte alls vara förenliga med de välstånd de olika bolagen kan generera, även om den underförstådda vitsen med aktiemarknaden är att icke-profitabla företag snabbt skall fasas ut och därmed frigöra såväl materiella som personella resurser som kan utnyttjas mera effektivt i andra företag. I extrema fall leder den ensidiga fokuseringen på förväntad räntabilitet till bubblor. Men även om vi bortser från de uppenbara bubbeleffekterna: på vad sätt gynnas den globala ekonomin av att stödja ett framgångsrikt vapenföretag, speciellt om detta företag erbjuder sina tjänster till repressiva och parasitiska regimer?

För att man skall kunna spela framgångsrikt på börsen och inte uteslutande lita på turen krävs det ”insider-information”. Viss sådan anses av mer eller mindre oklara grunder vara illegal, men utan någon form av exklusiv information som inte står det stora flertalet till buds finns det ingen möjlighet att tillskansa sig ett företräde. Man kan visserligen påminna om att tolkningen av informationen kan göras på många olika sätt och den ”smarte” investeraren inte nödvändigtvis har tillgång till hemlig information men däremot förmåga att dra ”smartare” slutsatser. Och i den mån dessa smartare slutsatser är följden av en vetenskaplig analys är de i princip tillgängliga för alla. Slutligen har den moderna aktiehandeln mer och mer automatiserats. Algoritmer har utvecklats för att snabbt kunna identifiera lovande trender att hoppa på och avdomnande att avveckla. Dessa algoritmer är förment baserade på vetenskapliga kriterier: genom att studera en akties värdeutveckling ska det gå att göra sannolika prognoser. Detta har resulterat i en skakigare börs där begynnande trender förstärks bortom det rimliga. Allting går för snabbt och utan kontroll av det sunda omdömet.

De intressanta ekonomiska problemen rör inte individer utan samhällen. Målet är inte individuell maximering utan total. Om kakan blir större finns det mer för alla att dela på. Hur "total" skall tolkas är en politisk frågeställning. Om alltför stora grupper lämnas utanför, finns det risk att detta straffar sig vid nästa val. I europeiska välfärdsdemokratier är ett mått på den allmänna sysselsättningen ofta avgörande för valframgång och valet kan därmed ses som ett falsifieringsförsök av en given politik (jmf. identifikationen av politisk kompetens med ekonomisk ovan, speciellt när det gäller att upprätthålla sysselsättning). Frågor om hur inkomstfördelningen påverkar den allmänna välfärden kan man nästan inte få några entydiga svar på. Argumentet att en jämn inkomstfördelning inte bara är rättvis utan även gynnar den totala ekonomiska tillväxten kan ställas mot att en skev inkomstfördelning stimulerar tillväxten till en sådan grad att de eventuella klyftorna mer än väl kompenseras av att alla i absoluta termer får det så mycket bättre. Uppenbarligen är det inte fråga om antingen eller: kategoriska uttalanden av denna typ kan lätt falsifieras via exempel i omvärlden eller från historien. Nationalekonomin har få eller inga väletablerade teser som vederlägger ideologiska ståndpunkter. Svepande påståenden som att marknadsekonomin är mera effektiv än kommunistisk planhushållning har ingen vetenskaplig grund. Sedan är det en annan sak att mycket kan tyda på att så är fallet (jmf. Hayeks position ovan). Ekonomin i den mån den är en vetenskap är ingen exakt sådan, och den kan endast ge rekommendationer. Om man blir mer specifik står man på säkrare grund. Inflation är någonting objektivt och kan stävjas, även om metoderna inte alltid är politiskt opportuna. Den okontrollerbara inflationen kan bokstavligen gå igenom taket, som det tyska exemplet från tidigt 20-tal illustrerar, men detta tekniska penningproblem kunde lösas genom specifika åtgärder. För att förhindra obalanser i ekonomin har varje modernt land en centralbank som sätter räntan. Detta antas ske på saklig grund utan ideologisk inblandning, men hur saklig är denna grund? Alan Greenspan, som var ordförande för USA:s centralbank i närmare tjugo år, hade visserligen en doktorsexamen i nationalekonomi men var knappast någon framstående forskare. Vari bestod hans expertis? I en god näsa?

*

Man kan inte särskilja ekonomin från människan och hennes värderingar. Ekonomin, speciellt ur ett mera filosofiskt perspektiv, har inte heller huvudsakligen med rikedom och välstånd att göra. Dessa begrepp tenderar att bli luddiga och undflyende när man försöker skärskåda dem. Men ekonomin kan heller inte abstraheras till något rent virtuellt, till syvende och sidst äger den rum på ett jordklot med begränsade resurser. Den tvingas ställa sig frågor som ligger bortom den mänskliga viljan, bli mer "naturvetenskaplig" och detta kommer att leda till en obönhörlig integrering av traditionell ekonomi och hänsyn till den yttre miljön. Rådande politiska paradigm oavsett ideologisk färg förespråkar alla ständig tillväxt för att trygga välfärden och väljarstödet. Redan Malthus påminde om det absurda i ständig exponentiell tillväxt. Intill relativt nyligen var detta ingenting som behövde bekymra mänskligheten, ty dess inverkan på miljön var marginell. Så är inte längre fallet, och det kommer att innebära brutala politiska omställningar för vilka de flesta inte är mogna. Det förestående klimathotet är bara en början.

De falsifieringsmöjligheter som medicinen erbjuder är inte lika uppenbara inom ekonomin. Det är däremot frestande att tillgripa medicinska metaforer som frisk och sjuk ekonomi. Den kapitalistiska ekonomin med kraftiga konjunktursvängningar har uppfattats som en sjuk ekonomi och recepten har varierat från ett totalt avståndstagande, som i fallet Marx och hans adepter, till ett mera försiktigt modifierande som förespråkats av Keynes. Numera består mycken ekonomisk forskning i att utveckla effektivare resursfördelningar i ett mera generellt samhällssammanhang. Det kan röra sig om att para ihop intressenter ("dating") eller röstsystem, sådant som vid första anblicken inte tycks ha mycket med ekonomi att göra. Därvidlag tillgrips företrädesvis så kallade kombinatoriska matematiska modeller. Inget fel på matematiken, som oftast kan preciseras i bevisbara satser, utan problemet är relevansen i den samhälleliga tolkningen.

Pedagogiken

Pedagogiken, i synnerhet den så kallade didaktiken, delar många syften och ambitioner med medicinen, som dess förespråkare har inte varit sena med att påpeka. Utbildning liksom hälsa tjänar mänskligheten, och pedagogiken liksom medicinen måste bedrivas vare sig man förstår vad man gör eller inte. Skillnaden är att medicinen har en grundvetenskap att bygga på, medan den naturliga grunden för pedagogiken – psykologi och sociologin – själva är trevande vetenskaper. Man skulle kanske tro att sociologin vore en vidareutveckling av psykologin, men Popper hävdar som redan påpekats att sociologin är mera fundamental än psykologin och människosläktet uppstod ur varelser som redan hade en väl utvecklad social gemenskap. Ur Poppers synpunkt är det snarare så att den individuella psykologin uppstår ur ett mera fundamentalt kollektivt sammanhang. Pedagogik och didaktik tvingas således lyfta sig själva i håret och etablera sig, i likhet med många andra samhällsvetenskaper, utan att ha någon egentlig grund att stå på. Vad som är avgörande i naturvetenskapen, framför allt fysiken, är teorins centrala betydelse. Visserligen förekommer teoribildningar ymnigt inom pedagogiken, men de flesta av dem har *ad hoc*-karaktär och är sinsemellan motstridiga. Vad som utmärker en kraftfull teori är att de begrepp den tillgriper skiljer sig markant från de fenomen som den är satt att beskriva och förklara, vilket normalt inte är fallet inom pedagogiken. Enda undantaget är neurologins inträde inom densamma, där begrepp som neurala nätverk och synapser har mycket litet med själva inlärningsprocessen att göra. Dock är de konkreta resultat som man med tanke på neurologins nuvarande stadium realistiskt kan förvänta sig ganska triviala. I avsaknad av teorier är orsakssamband här ytterst svårfångade.

En annan anledning till att analogin med medicinen haltar är att det är inte lika självklart vad målet är med utbildningen. Å ena sidan talas vackert om att utbildningen har som mål att berika individen mentalt, å andra sidan att den främjar bruttonationalprodukten. Givetvis behöver dessa båda inte stå i motsatsförhållande till varandra, men de olika utgångspunkterna ger upphov till radikalt olika problem och tillhörande pedagogiker. I det senare fallet frestas man att ställa upp konkreta mål och se utbildningen, inte som ett individuellt projekt, utan som ett kollektivt. Den pedagogiska debatten tenderar att bli mycket förvirrad om man inte särskiljer dessa olika aspekter. Låt oss ta den senare som utgångspunkt, vilket betyder att man förväntar sig att eleverna efter avklarad skolgång skall besitta vissa färdigheter.

En resultatfokuserad vetenskap som vill ge svar på vilka strategier som är mest effektiva för inlärande reduceras då till att genomföra mer eller mindre kontrollerade experiment och etablera korrelationer. Men för det första är det i sociala sammanhang svårt att isolera variabler, och renodlade försök att så göra stöter inte sällan på etiska problem. Medan naturvetenskapen gör en skillnad mellan observatören och vad som observeras, även om detta i högsta grad kan ifrågasättas inom kvantteorin, åtminstone i dess mest fashionabla tolkningar, utgör sociala experiment en sammanblandning mellan observatör och vad som observeras. Själva faktum att personer deltar i en undersökning påverkar på ett väsentligt och långt ifrån alltid förutsägbart sätt hur dessa kommer att förhålla sig och agera. Det är knappast underligt att postmodernistiska tankeströmningar har utvecklats i samband med samhällsvetenskaplig forskning. Samhällsvetenskaper som pedagogiken är givetvis väl medvetna om den naturliga avsaknaden av objektivitet och har ofta sökt efter kvantifieringar. Sådana ambitioner kan lätt förkastas som utslag av "scientism". Kvantifiering är ganska meningslös utan en mera begreppsmässig bas. Och återigen dyker fallgroparna med statistiska undersökningar upp.

Ett exempel. Under drygt femtio år har en matematiktävling anordnats i Sverige. Vid varje tillfälle tas omkring ett dussin individer ut till en final: det rör sig om drygt halvtusendet finalister under det senaste halvseklet. Av dessa har endast en handfull varit flickor. Kan vi av detta sluta att pojkar är mera matematiskt begåvade än flickor? En sådan slutsats går stick i stäv mot ideologin att det inte finns några mentala könsskillnader; därmed förkastas slutsatsen. Och därmed kastas också tvivel på objektiviteten i undersökningen, och man drar slutsatsen att den manifesterade skillnaden måste bero på ett antal faktorer som inte har tagits i beaktande: att skolsituationen måste innebära ett visst förtryck av kvinnliga förmågor, alternativt att flickor inte uppmuntras i samma utsträckning som pojkar. Nu är inte den svenska matematiktävlingen anordnad som en undersökning av flickors och pojkars matematiska förmågor, utan av enskilda individers, och syftet är att uppmuntra och inspirera dessa med naturlig fallenhet för matematik att gå vidare. Men man kan alltid ta till vara statistiskt material som råkar vara tillgängligt, och utsätta detta för statistiska undersökningar, även om detta som vetenskaplig metod är förkastlig som vi redan tidigare förklarat i avsnittet om medicin. Av det rikliga materialet som i viss mening återspeglar drygt 50 000 personers bemödanden kan allehanda korrelationer utvinnas. Om det skulle visa sig att liknande drastiska skillnader uppstod, men i ett icke lika ideologiskt inflammerat sammanhang, vore det få personer som skulle ifrågasätta dem. Om under en längre tidsperiod 50 000 personer utsattes för två olika medicinska behandlingar och resultatet uppvisade samma skeva fördelning – skulle det då verkligen anses etiskt att fortsätta undersökningen, eftersom skillnaden i effektivitet skulle betraktas som ”vetenskapligt bevisad”? Vari består skillnaden? Ideologier utgör omistliga korrektiv till tanklösa statistiska studier. Ideologier är som traditioner och utan dem skulle samhällen inte fungera. Politik bygger på ideologier. I slutändan kan ideologier lika väl ifrågasättas som teorier, i den mån de är falsifierbara. Men alla aspekter av ideologier är inte falsifierbara.

Som antytts skulle man kunna utsätta denna tävling för ett otal statistiska tester och ofrånkomligen skulle en rad samband kunna fastställas. Det finns hur många samband och mönster som helst, och det är aldrig omöjligt att i efterhand etablera dessa. Men ett sådant förfarande är inte giltigt som vi tidigare påpekat. För det är en sak att sådana samband kan peka på något verkligt och att de knappast skulle ha uppmärksammats utan det statistiska materialet. Som Popper påpekar spelar det ingen roll hur vi kommer fram till våra hypoteser: tillvägagångsättet har ingen inverkan på dessas giltighet. Hypoteser måste testas. Har en undersökning givit vid handen ett icke anat sammanhang, kan detta tas som en hypotes för en ny undersökning, och då först kan man tala om relevans. Den undersökning som stimulerade till hypotesen är värdelös som test. Problemet är centralt när det gäller att undersöka så kallade paravetenskapliga fenomen. Finns andar? Kan man nå kontakt med de döda? Conan Doyle uppslukades av detta problem under sina sista år, och William James ägnade en stor del av sin tid åt att "vetenskapligt" undersöka olika mediers tillförlitlighet. Svårigheterna infinner sig automatiskt, om man bara har tillgång till mediernas egna erfarenheter. Typiskt innebär detta att ett antal korrekta påståenden om en avliden tas till intäkt för att mediet har haft kontakt med denna: hur skulle det annars kunna veta det? På samma sätt är det vanskligt att bedöma en spelares profetiska skicklighet genom att ta del av dennes framgångar i det förgångna. Hur kan man underställa dessa en kritisk granskning? Det går inte att falsifiera ett givet faktum, men att falsifiera en teori via dess framtida konsekvenser är någonting annat. Det naturliga blir att låta spelaren gissa på nya uppgifter enligt former som granskaren bestämmer och inte spelaren. Om någon påstår sig kunna se in i framtiden bör vi kunna dra fördel av detta. Om vi inte lyckas med det, har vi allvarliga skäl för att betvivla personens förmåga. Om någon hävdar att vi kan kommunicera med de döda, bör vi förvänta oss praktiska konsekvenser av detta. Om några sådana inte uppstår, kan vi inte hävda att det är vetenskapligt bekräftat. Visst kan individer ändå tro på fenomenet och finna tröst däri, och i allmänhet bör vi vara ödmjuka inför ontologiska frågor. Men att hävda att något är sant och att hävda att det är sant ty det är vetenskapligt bevisat är två olika saker.

*

I ljuset av detta är det knappast förvånande att pedagogiken inte gjort några framsteg sedan antiken, trots att undervisning är en klassisk och ofta utövad aktivitet. Det är just frånvaron av slutliga falsifieringar som gör att pedagogiken tycks stampa på samma ställe. Vi såg att liknande kritik har riktats mot filosofin. Moderna tänkare tycks stå sig slätt mot giganter som Platon.

Vad som inträffar är en cyklisk process: teorier och antaganden blir omoderna och ersätts av nya, men liksom i fråga om klädmodet är variationerna, och det nya är i själva verket något som är gammalt men som nu upplever en renässans. Inom pedagogiken torde de cykliska förloppen vara långsammare än annars, och de flesta, fackpedagoger inräknade, inser inte alltid att den så kallade progressiva pedagogiken knappast är ett modernt påfund. Den sokratiska metoden gick ut på att var och en skall söka sin egen kunskap och inte dra sig för att ifrågasätta auktoriteter. I själva verket är den metoden en naturlig del av den vetenskapliga traditionen av kritisk analys som Popper förfäktar, vilket ger en antydan om vad pedagogik egentligen innebär. Det är en fråga om tradition, inte om vetenskap. Lika lite som vetenskapen kan ges en vetenskaplig underbyggnad kan pedagogiken baseras på en sådan. En tradition är givetvis inte något fast och oföränderligt utan den förändras med tiden, men förändringarna sker långsamt, liksom all evolution. Och Popper förordar ju den långsamma och stegvisa reformeringen av alla samhälleliga institutioner. Undervisning är inte samma sak som forskning. Den kan inte alltid utmynna i det lustfyllda sökandet efter kunskap. Urtypen för lärande är att brottas med ett problem, men sådant är tidskrävande. Man kan inte återuppfinna hjulet var gång. Andra typer av lärande är instinktivt, som att lära sig gå och tala. Det ligger utanför skolans domäner. Språkundervisningen av ett främmande språk måste ske på ett annat sätt än genom naturmetoden. Det är inte klart att en simulering av det naturliga tillvägagångssättet ens är genomförbart, fönstret för den inlärningen är förmodligen redan stängt. Skolan är till för att lära sig det som är tråkigt, annars vore den närmast obehövlig. Färdighetsträning är ett exempel på detta.

Men skolan har även en normerande funktion. Det gemensamma kulturarvet utmärks just av att det är gemensamt. Mycken kunskap får sin mening endast genom att den är gemensam. Kunskapstester, betyg, repetitioner, katederföreläsningar, även läxor och utantillärande är en del av det pedagogiska arvet, och att förkasta dessa som obsoleta är att gravt missförstå traditionens vikt och betydelse. Det effektivaste sättet att utbyta kunskap är via den direkta mänskliga kontakten – såtillvida har ingen förändring skett sedan antiken. Den pedagogiska traditionen skall ses i detta perspektiv och bygger på den mänskliga naturens väsentliga oföränderlighet utan vilken historien som sådan skulle vara meningslös. Kärnan i den pedagogiska verksamheten är just läraren, och denne skall fokusera på mötet med sina elever och undervisningens innehåll, inte dess form, precis som vetenskap bedrivs med fokus på problem, inte metodik. Den pedagogiska traditionen utgör därmed ett stöd för lärarna och eleverna och befriar dem från att hela tiden befatta sig med formerna för implementering: istället kan de koncentrera sig på det som skall förmedlas och studeras.

Den sokratiska metoden bygger på en dialog med den tredje världen. Det är inte inlärningsmekanismen som står i blickfånget, utan innehållet. Skolan handlar alltså om Värld Tre, och syftet är att skapa förtrogenhet med dess begrepp. Jag skulle vilja hävda att matematik och historieundervisningen båda är inriktade på Värld Tre. I bägge disciplinerna är det förståelsen och innehållet som är det viktiga. En mera vetenskapligt inriktad didaktik, d.v.s. med vetenskapliga ambitioner, koncentrerar sig däremot på Värld Två. Själva inlärningsprocessen hamnar då i blickfånget. Lärarens kunskaper i ämnet anses vara någonting sekundärt, det är lärarens förmåga att lära ut som är det väsentliga. Det intressanta blir elevens mentala begränsningar, som ytterst har att göra med vår utvecklade hjärnstruktur. Språkundervisningen faller naturligare inom den ramen. Här är det inte fråga om förståelse och innehåll, utan att bibringa en närmast motorisk färdighet, låt vara av en mental natur. Den pedagogiska utmaningen, betydligt mera än i fallet med matematik och historia, befattar sig med mera utvecklade inlärningsprocesser. Och visst är detta intressanta studieobjekt, men vår kunskap är troligen så obetydlig att den inte kan fungera styrande i en pågående och någorlunda fungerande tradition. Det är därför oansvarigt att utsätta det uppväxande släktet för pedagogiska experiment. Man bör även komma ihåg att införskaffandet av kunskap inte är skolans uteslutande privilegium. Detta ansvar ligger ytterst hos den enskilde individen och skolan och dess långa tradition skall då ses som ett stöd för en process som väsentligen fortfarande utgör ett stort mysterium.

*

I vår diskussion ovan har vi gradvis förflyttat vårt fokus från en teknisk inlärningspedagogik till skoltraditionens bildningsideologi. Dessa frågor diskuterades ingående och penetrerande under 1800-talet, man behöver bara nämna namn som Wilhelm Humboldt och hans akademiska visioner. Det preussiska skolsystem som infördes vid den tiden visade sig vara mycket inflytelserikt och baserat på moderna pedagogiska principer som således har en mycket lång historia (d.v.s. tradition), och som sagt vad mycket längre än vad många pedagoger nu tycks vara medvetna om. Men givetvis bara ordet preussisk ger de halvbildade associationer till drill och kadaverdisciplin.

Visst i krigsmakten är de pedagogiska målen klart avgränsade och därmed enklare att implementera, och därmed är det betydligt enklare att utveckla en effektiv metodik. I den upplysta skolan däremot är det förståelse, kritiskt tänkande, allmän bildning och inte minst ett demokratiskt sinnelag som gäller. Det ligger i sakernas natur att dessa är betydligt svårare att förmedla än rena färdigheter. Frågan är om det överhuvudtaget kan göras på ett direkt sätt. Att undervisa i kritiskt tänkande förutsätter att eleverna okritiskt anammar lärarens förhållningsregler! Med andra ord talar vi om meta-förmågor, som tillägnas indirekt och via egna individuella initiativ. En auktoritär skola kan bara genom sin attityd inspirera elever till en anti-auktoritär hållning, medan en skola som har som mål att just inpränta i eleverna vikten av en anti-auktoritär hållning, kan istället få dem att bli speciellt benägna att underkasta sig auktoriteter utan att de ens är medvetna om det. Människor är relativt lika när det gäller biologiska och rent kognitativa förutsättningar, när det kommer till högre mentala förmågor är skillnaderna betydligt mera markanta.

*

Hur har de stora genierna i vetenskapens historia framträtt? Har de varit föremål för effektiva pedagogiker, och i så fall vore det inte läge att identifiera dessa? Projektet är lika ogenomförbart som det är meningslöst. Detaljer i pedagogiken är ointressanta, det är den levande traditionen som sådan som blir avgörande. Och sådana utgör nog så intressanta studieobjekt, centrala som de är inom varje samhälle.

Att finna falsifieringsmöjligheter inom pedagogiken är mycket vanskligt. Det är ytterst tveksamt om det överhuvudtaget har skett någon irreversibel utveckling inom denna disciplin. Allt tal om den moderna pedagogikens överlägsenhet gentemot äldre pedagogiker är inte bara ogrundat utan även meningslöst, ty det föreligger ingen konsensus om vad som menas med modern pedagogik. Ett problem är de högstämda ambitionerna om att utveckla hela människan, dennes kreativitet och kritiska förmåga, vilka är mycket svåra att utvärdera. Därmed faller mycket av den vetenskapliga ansatsen i disciplinen. Dessa ambitioner måste ses i ett annat perspektiv, nämligen, som vi har försökt påvisa ovan, i traditionens och är därmed snarast av etisk art. Vad som inte nog kan upprepas. Den vetenskapliga sanningen är inte etisk, däremot är strävan att finna den etisk. En strävan som inte är vetenskapligt underbyggd utan ingår i en tradition.

HISTORIA

Är historia vetenskap? Finns det historiska lagar som styr historiens förlopp? Och slutligen: kan man lära av historien, kan man genom ett studium av historien med större precision säga någonting om framtiden?

Till den andra av dessa frågor skulle Popper svara ett rungande nej. Historien har inget förutbestämt förlopp, det finns inga lagar, likt gravitationslagen, som vi måste underordna oss. Framtiden ligger i våra händer och vi har som kollektiv ett ansvar för den. Grandiosa historiesyner gisslar han i sin *The Poverty of Historicism* och han angriper dem i andra delen av *The Open Society*. Frågan huruvida man kan lära av historien är mera subtil. Å ena sidan brukar alla sådana anspråk förkastas med frasen att det enda man kan lära sig av historien är att man inte kan lära sig någonting alls av den. Å andra sidan kan man knappast avgränsa denna fråga från ett vidare sammanhang där man ställer frågan om man kan lära sig av erfarenheten – och det är det få som skulle vara beredda att förneka.

Vad menar vi då med historien? Om man med historia menar en uppräkning av allt som har ägt rum är man uppenbarligen ute på lite hal is. Då blir nästan allt tillåtet i tolkningen. Resultaten av ett fysikaliskt experiment tillhör historien och att lära av detta experiment blir därmed per definition att lära av historien, och om experimentet tillåter oss att anamma en viss fysikalisk teori som äger förutsägbarhet, så kan vi säga att studiet av historien har gjort det möjligt för oss att förutsäga åtminstone en liten aspekt av framtiden.

Historieskrivning ägnar sig inte åt att göra kataloger över vad som ägt rum, lika lite som vetenskapen går ut på att räkna upp ett stort antal observationer. Liksom observationer endast har ett intresse för ett visst specifikt syfte, som relevanta kommentarer till ett bestämt problem, äger en radda historiska händelser intresse endast i den mån de belyser ett historiskt problem. Den brittiske filosofen och historikern Collingwood hävdar med emfas att historia inte är att katalogisera det förgångna, och framförallt inte genom att klistra och klippa ur tidigare historikers verk, för övrigt inte helt olikt vad de flesta elever ägnar sig åt när de tilldelas en ”forskningsuppgift” i skolan. All historieskrivning har som utgångspunkt ett problem, och detta problem är att rekonstruera ett historiskt förlopp i nutiden, med betoning på de tankegångar som sysselsatte de historiska aktörerna och med hjälp av de medel som är tillgängliga vid det nu aktuella tillfället. En grundförutsättning är att människans tankeförmåga inte har ändrats under historiens förlopp och att vi därför kan identifiera oss med dess aktörer. Detta är denna inriktning på den mänskliga tanken som utgör humanismens kärna och som fångar vårt intresse. Som William James uttrycker det: nyfikenheten väcks av det välbekanta i ett obekant sammanhang. Den mänskliga naturen är en konstant i ett historiskt tidsperspektiv, fastän givetvis inte i ett geologiskt. Humaniora har inte samma grad av universalitet som naturen, utan begränsas i tid och rum, men är i gengäld så mycket centralare, ty ingenting är oss intimare än våra egna tankar. Koncentrationen på den mänskliga tanken skiljer historieforskningen från naturvetenskaplig forskning.

Som Collingwood understryker är naturkatastrofer inte del av historien, utan endast människornas reaktioner på dessa. Enligt honom blir historieforskningen till en forensisk uppgift: att kartlägga ett händelseförlopp med hjälp av de spår som det förflutna lämnar i nutiden, inte olikt rekonstruktionen av ett brott. Den historiska sanningen är inte manifest, man kan inte finna den i gamla dokument, ty inget dokument är helt tillförlitligt beroende såväl på omedveten okunskap såsom medveten lögn. När man konfronteras med ett dokument skall man inte i första hand läsa vad som står där utan tolka vad det egentligen kan betyda. Precis som man inte bokstavligen kan lita på ett vittnesmål i en brottsundersökning utan måste sätta det i förbindelse med andra vittnesmål. Man kan inte förflytta det förflutna in i nutiden, men man kan rekonstruera aspekter av detta förflutna, och så måste man ha klart för sig att liksom vetenskapliga sanningar är historiska sanningar preliminära. Och rekonstruktionen måste ske med hjälp av den kunskap som är tillgänglig för ögonblicket. Detta är givetvis en truism, men den har sitt värde genom att peka på historikerns begränsningar och realistiska föreställningar om hur långt han kan nå. Collingwood säger att vår kunskap om historien inte behöver degraderas med tiden, vilken man skulle riskera om historieforskningen nöjde sig med att tugga gamla dokument. Eftervärlden kan skaffa sig bättre besked om det historiska skeendet än de hade som faktiskt var med om det. Historikern nöjer sig inte heller med det skriftliga dokumentet utan denne är i princip intresserad av allt material, precis som en brottsundersökning inte begränsar sig till eventuella vittnesmål utan söker efter andra spår av intresse, vad det nu må vara, fotspår, blodfläckar, kulhål.

Collingwoods egna, rent historiska arbeten återfinns inom arkeologin, och det är inte ägnat att förvåna. Arkeologin utgör en mötespunkt mellan naturvetenskap och humaniora, bland annat eftersom mycken modern teknologi, såsom kol 14-datering, har blivit tillgänglig och tagen i bruk på senare tid. Men att rent naturvetenskapliga metoder från den avancerade teknologin kommer till användning i det systematiska studiet av krukskärvor och myntdistributioner, bör inte överskugga det faktum att arkeologin är en humanistisk verksamhet och att det är rekonstruktionen av den mänskliga tanken som ytterst motiverar arkeologin och som gör det möjligt att tolka artefakternas mening. Om man skall förstå en gammal matematisk text bör man helst vara matematiker, ty en matematiker har större förmåga att leva sig in i de tankar som producerade den än en lekman har. Ett sådant förfarande kan ibland anklagas för anakronism bland fackmän, men detta är att missa poängen. Om gamla matematiska texter inte är resultatet av matematiska tankar är de heller inte intressanta såsom matematiska texter.

Vi finner hos Collingwood och hos Popper samma betoning av problemet och vi finner hypotesprövningen, alltså om våra teser går att förena med de dokument och andra spår som det faktiska förloppet har lämnat efter sig. Vad vi kommer fram till blir alltid föremål för omprövningar. På samma sätt som den yttre verkligheten existerar oberoende om våra uppfattningar om den, existerar även det förflutna även om vi aldrig direkt kan famna det, eftersom det är fattbart endast via våra preliminära rekonstruktioner. Man kan likna det förflutna med Platons värld av former. Den senare världen är inte heller direkt fattbar för oss, utan endast genom de skuggor den kastar. Historisk humanistisk forskning går mycket bra att bedriva utan att dra in kvantitativa aspekter. Historien blir inte mera vetenskaplig genom statistiska data.

Vad tycker Popper om Collingwood? Collingwood tycker ingenting om Popper, ty han dog redan 1943, innan Popper blev mera allmänt känd. Popper skriver uppskattande om Collingwood. Hans enda svårighet tycks ligga i dennes förmenta subjektiviteten. Nu kan man när det gäller tankar tala om olika grader av subjektivitet. Collingwood bryr sig inte om den rent privata upplevelsen av rena personliga sinnesförnimmelser, så kallade *kvalia*. En historiker är inte intresserad av hur det kändes för Newton när vinden tog tag i hans hårtussar, detta ligger bortom vår förmåga att finna ut och beskriva. Han intresserar sig för tankar som är exporterbara och intrapersonella – objekt i Poppers Värld Tre. Objektivare kan man inte bli när det gäller tankar. Om vi underkänner objektiviteten hos sådana tankar omöjliggörs all intellektuell kommunikation. Poppers och Collingwoods texter syftar till att kommunicera tankar hos dessa författare till sina läsare. Dessa tankar är inte explicit angivna i bokstavssekvenser utan måste rekonstrueras av en sympatiskt inställd läsare. En undersökande historiker befinner sig i en dialog med det förflutna, han ställer frågor som i ett korsförhör och försöker tolka de svar han får. Enligt Collingwood kan det mänskliga minnet inte tjäna som historisk källa. Man kan således inte skriva sin egen biografi genom att helt enkelt nedteckna vad man kommer ihåg. Men vad skall man annars göra? En lösning till detta problem är att helt enkelt skriva ner sina minnen allt eftersom, som i en dagboksanteckning eller i ett brev, och sedan utnyttja dessa nedskrifter såsom dokument. Vari består skillnaden? Genom att skriva ner fixeras vittnesmålet, det blir till något som är separat från tanken. Det blir ett objekt i Värld Tre, från att ha varit ett objekt i Värld Två. Ett minne som hela tiden undersöks förändras varje gång det återupplevs, ty ett mänskligt minne är inte som ett datorminne. Det är ingenting fast och etablerat och välavgränsat utan utgör snarare en potential för återskapande. Ett personligt minne som undersöks av tanken deformeras av det, men ett nedskrivet minne fryses åtminstone, dess formuleringar förblir intakta. Det betyder inte att det är sannare eller mer ursprungligt: liksom när det gäller historiska förlopp behöver inte ett ursprungligt minne vara sannare än ett sentida deformerat, ty ett senare minne kan vara influerat av andra minnen som kastar nytt och förklarande ljus, utan bara att det är tillgängligt i en fast och stabil form. Ett personligt minne är däremot inte i denna mån tillgängligt, ty varje gång vi tänker på det har det ersatts av ett modifierat. Vi kan inte föra en dialog med ett sådant minne, ty varje fråga förändrar det, och vi kan därmed underställa det våra syften. Det saknar objektets välavgränsade existens, medan det subjektiva minnet avgränsas och därmed objektifieras i och med att det kodifieras i skrift.

SAMMANFATTNING

Det kan vara instruktivt att jämföra Popper med Francis Bacon och dennes syn på vetenskapen. Bacon var verksam i slutet av 1500-talet och början av 1600-talet och enligt Popper inte så mycket filosof såsom visionär. Han beskrivs som en radikal epistemologisk optimist som lärde ut att sanningen var lätt att finna. I själva verket var den uppenbar för var och en med ett öppet sinne: naturen var en öppen bok vars hemligheter kunde avläsas genom observation. Om man observerade utan förutfattade meningar skulle mönster och lagar i naturen träda fram i all sin tydlighet. Bacon var en svuren fiende till spekulationer och teoribildningar. För honom var kunskapen en maktfaktor.

Detta överensstämmer väl med en fortfarande gängse populärbild: att kunskap kommer från observationer och att man först därefter kan härleda allmänna lagar och formulera förklarande teorier. Det viktiga är att man har ett öppet sinne och inte förleds av villfarelser. Den observerande vetenskapsmannen skall svara objektiv och inte låta sig distraheras av förväntningar. Han ska besitta objektivitetskompetens. Det hela påminner något om intelligenstester i vilka man får en serie tal och ur denna talserie skall lista ut nästa, underförstått att till en talserie hör ett bestämt mönster. Att finna detta mönster blir ett mått på intelligens. På samma sätt är vetenskapsmannen skolad för att kunna igenkänna mönstren.

Vidare förutsade Bacon den industriella revolutionen. Denna

byggde ytterst på empiriskt förvärvad kunskap. Industrin ledde till en ökad produktion och en teknologisk utveckling som skulle göra människan allt mindre utlämnad åt naturens nycker och i stånd att erövra och betvinga den.

Denna utveckling är på gott och ont. Det goda prisas av pragmatiska optimister, det onda beklagas av sentimentala pessimister. Popper finner mycket gott och prisvärt. Vi har fått politisk liberalism och demokratiska samhällen och den enskilda människan har betrotts förmågan att nå kunskap, fatta egna beslut och aktivt delta i det politiska livet. Kvinnor har frigjort sig, utbildning har blivit tillgänglig för alla, hälsa och ekonomiskt välbefinnande har nått allt fler. Men i stort sett har dessa fördelar endast kommit västerlandet till del.

Bacons industriella syn på forskningen präglar fortfarande den politiska attityden. Forskning jämställs med en homogen vätska: ökar vi flödet av forskning, kommer samhällsproblemen att lösas desto snabbare. Under 70-talet, inspirerade av det framgångsrika projektet att sätta en man på månen under det föregående decenniet, gavs cancerforskningen under president Nixons ledning stora resurser, under det implicita antagandet att det föreligger någon slags växlingskurs inte bara mellan pengar och forskning, utan även mellan forskning och framsteg.

Bacon var ingen vetenskapsman av rang, inte heller någon briljant filosof. Han anslöt sig inte till den heliocentriska världsbilden, han trodde inte ens att jorden roterade: motsatsen var uppenbar för varje förutsättningslös observatör enligt hans förmenade. Den vetenskapliga revolutionens verkliga pionjärer, som Kepler och Galileo, gick till väga på ett helt annat sätt för att närma sig sanningen.

För dem kommer teorierna först och sedan observationerna. Vidare är alla observationer beroende av redan tidigare antagna teorier för att kunna tolkas. Den metodologi som en mogen vetenskap utvecklar är ingenting annat än ett utvidgande av observationsfältet, och de instrument som utvecklas, de må vara teleskop eller mikroskop, röntgenapparater eller magnetkameror, är teknologiska tillämpningar av tidigare teorier. Denna metodologi är ganska omfattande och den vetenskapliga utbildningen består till en stor del i att lära sig behärska denna apparat. Det är detta komplex av metodologi och teorier som Kuhn benämner som det vetenskapliga paradigmet, som givetvis ser olika ut beroende på vilken vetenskap man studerar. Mycket vetenskapsfilosofi går ut på att beskriva sådana paradigm, men det är ingenting som intresserar Popper nämnvärt. Dessa studier är mera av sociologisk natur än av vetenskaplig. Det ligger då nära till hands att relativisera sanningen med hänsyn till ett givet paradigm och mot bakgrund av att olika vetenskapsgrenar har olika krav på sanning. Inom den medicinska vetenskapen krävs högre signifikans på statistiska undersökningar än inom samhällsvetenskapen. Popper talar om en absolut sanning, och därmed är frågan om sanningen relativt paradigmen underordnad paradigmens sanningshalt. Hur väl överensstämmer paradigmen med de faktiska förhållandena? Med jämna mellanrum inträder en vetenskap i ett stadium av kris och en vetenskaplig revolution inträffar. Genom att påvisa hur ett paradigm kommer till korta bekräftar Kuhn Poppers idé om falsifierbarhet. Men Popper håller inte med Kuhn om att en sådan revolution innebär en sådan radikal förändring att dess slutgiltiga konsolidering äger rum först när den gamla stammen av forskare har dött ut. Den förmodade inkommensurabiliteten mellan det nya och det gamla föreligger helt enkelt inte, enligt Popper. Kuhn gör även en ganska skarp distinktion mellan normal vetenskap (”solving small puzzles”) och dramatiska paradigmväxlingar, ett slags katastrofteori för vetenskapsutveckling, medan Popper intar ett mera uniformistiskt perspektiv, genom att påstå att falsifieringar föreligger på alla nivåer.

Dock ser Popper normaliseringen av vetenskapen som ett problem. I och med att den metodiska apparaten blir så involverad och den teoretiska kunskapen så omfattande tvingas vetenskapsmännen att specialisera sig. Detta är speciellt ett problem inom "Big Science" som i sann Baconsk anda har blivit till en storindustri vars ledstjärna inte är reflektionen utan produktiviteten: att observera i industriell skala med syfte att producera så stora faktamängder som möjligt. En modern vetenskapsman saknar översikt och blir till en liten kugge, fångad i sin egen specialitet. Den vetenskapliga forskningen blir därmed metodstyrd och mer och mer lik vulgärbilen av vad vetenskap är. Det sker forskningsfusk som är en omöjlighet i den popperska fattningen, ty enligt Popper kan man inte fuska när man ställer upp en hypotes, eftersom en hypotes står alla fritt att förkasta; och det är först när den som ställer upp hypotesen och den som testar den är en och samma person (eller forskningsgrupp) som fusket blir en möjlighet, och därmed också till en frestelse, särskilt som vetenskaplig produktivitet blir ett självändamål och en källa, eller snarare den enda källan, till fortsatt finansiering av verksamheten. Problemet som under Poppers tid endast var principiellt har under det senaste decenniet blivit i högsta grad aktuellt. Managementfilosofin har vunnit intrång i den akademiska världen som tidigare utgjort något av en frizon och skyddad verkstad. Universiteten, sprungna ur en medeltida tradition med rötter finjusterade via klosterväsendet och dessutom under senare århundraden högstämda visioner a la bröderna Humboldt, har utgjort en ypperlig institution där det osjälviska sökandet efter sanningen kunnat fortgå. Visserligen prisas fortfarande den akademiska friheten, men grunden urholkas. Det är svårt att kvantitativt mäta kunskap, ty skillnader i kunskap är främst av kvalitativ natur. Ett gott uppslag är värt tusentals halvbra. Hur mycket man än skulle ha kunnat förfina den Ptolemaioska modellen med tusentals epicykler, vilka var och en skulle ha utgjort ett kvantitativt tillskott, skulle denna teori ha stått sig slätt kvalitativt jämte den heliocentriska. Det är inget fel med att associera tal till olika prestationer, om detta kan göras ordningsbevarande är det fullt korrekt, men detta förutsätter att man kan avgöra vilken av två prestationer som är den bästa, och sådant beror på omständigheter och kan inte avgöras förrän i efterhand. Det absurda i det hela framträder speciellt tydligt när man börjar manipulera dessa tal och ta medelvärden. Addition och multiplikation har ingen mening när de tilllämpas på sådana tal. Summan av årtal är meningslös, fastän årtal är i högsta grad meningsfulla. (Däremot är subtraktion av årtal meningsfulla, vi utför dem ständigt). Man talar då om pseudokvantiteter.

I Europa har denna olycksaliga tendens förstärkts genom central finansiering av forskning. Denna finansiering är politiskt styrd och leder till att man främjar tillämpad industriell produktion samt stora forskningsgrupper. Vetenskapen kan visserligen ses som en idémarknad där endast de starkaste idéerna, de som inte lätt kan falsifieras, överlever, men incitamenten är inte de samma som på kommersiella marknader där de enskilda perspektiven är ytterst begränsade och fokuserade på vinstmöjligheter. Dessa externa incitament leder snarast till försiktighet och förfining av redan befintlig teknologi (som den Ptolemaioska) än till djärvt nytänkande.

Matematiken tycks snart vara den enda kvarvarande vetenskap där en enskild fortfarande kan göra en heroisk insats. Med detta menas givetvis inte att denne arbetar isolerat, varje vetenskap är en social verksamhet och otänkbar utan en levande tradition. Traditionen är av avgörande betydelse i all social verksamhet. Teorier må vara objektiva, men valet av dem, valet av de problem som stimulerar dem, är det inte, utan är en följd av traditionen. Precis som poesi: dikter skrivs inte på måfå utan kan i många fall ses som kommentarer till redan befintlig poesi. Men en tradition utvecklas just genom att enskilda personer kan skaffa sig en överblick över den och kommentera den. Om man inte har överblicken och är oförmögen att se helheten, kan man heller inte bemäktiga sig den utan måste underställa sig.

*

Popper uppmanar oss att inte vara rädda för att göra misstag. Misstag är oundvikliga, vad som gäller är att lära sig någonting av dem.

*

Avslutningsvis kan man inte nog betona att Popper ingalunda hade som avsikt att framhäva vetenskapen på andra verksamheters bekostnad, utan att avskilja den verkliga vetenskapen från dess efterapningar. Den senare kan te sig nog så imponerande via utvecklandet av intrikata och omständliga metodologier, så kallad ”scienticism”. Metodologiska apparater har inget egenvärde inom vetenskapen utan uppstår ur sökandet efter sanning. Och det är just detta sanningssökande, vars normativa kriterion fångas just av falsifieringsmöjligheten, som implicit bestämmer vad det är för sanning vetenskapen strävar efter. Med andra ord, vetenskapens efterapningar söker endast efterlikna vetenskapens form och ser inte till dess innehåll. Kuhns paradigmtänkande är inte förbehållet vetenskapen, utan i högsta grad tillämpligt på många andra mänskliga aktiviteter.

Speciellt förkastar inte Popper konsten, litteraturen, filosofin (särskilt metafysiken) ej heller religionen. Dessa utgör verksamheter vetenskaper som vänder sig till djupa mänskliga behov. I den mån de inte är falsifierbara i Poppersk mening behöver det inte betyda att de utgör nonsens, utan att de inte kan täckas av det vetenskapliga paraplyet. Vi har redan stött på exempel på detta. Poppers filosofiska falsifieringskriterium kan inte falsifieras. Ej heller vår tro på vår rationella förmåga kan inte heller rationellt underbyggas, ty detta skulle förutsätta vad vi vill bevisa. På liknande sätt kan man ifrågasätta om det är mänskligt möjligt att vetenskapligt förstå det mänskliga medvetandet.

Vetenskapen skiljer sig från de andra verksamheterna genom

att dess kriterier kan göras så precisa. Detta resulterar i att så mycket kan förkastas, vilket innebär en fokusering. Därmed kan vetenskapen tränga mycket djupare in i sin potentiella värld, och vi kan i mycket handfasta ordalag tala om utveckling, något som inte är lika uppenbart inom konsten, litteraturen eller religionen. Detta kan belysas med den evolutionära analogin, som Popper är mycket förtjust i att betona. Om världens resurser kan vara i princip outtömliga, och det inte skulle föreligga någon kamp för tillvaron i en arts avkomma, skulle det inte heller vara någon utveckling. Ingenting stimulerar fantasin mer än begränsningar som måste övervinnas. Alla avenyer kan inte undersökas, det finns helt enkelt för många av dem.

Sedan är det en helt annan sak om denna vetenskapliga utveckling egentligen främjar mänsklighetens intresse eller tillfredsställer dess behov. Vetenskapliga framsteg är på både gott och ont, den nukleära förstörelsepotentialen är ett exempel på det senare. Vidare kan man i sammanhanget betona med Karin Boye att det är vägen som fascinerar, inte målet, speciellt som det är vanskligt att precisera vetenskapens långsiktiga, för att inte tala om slutgiltiga mål. Vad som ytterst motiverar de flesta vetenskapsmän är nyfikenheten och driften att få denna tillfredsställd, inte resultaten och tillämpningarna per se. En attityd som dock möts med ringa förståelse utanför den vetenskapliga världen, trots att det är en attityd som är förhärskande inom såväl konstens som sportens värld. Poppers filosofi intar ytterst en agnostisk attityd till vetenskapens ultimata värde. Hur skulle detta kunna formuleras i falsifierbara termer? Däremot som privatman uttrycker Popper en försiktig optimism. Vetenskapen har på ett avgörande sätt bidragit till mänsklighetens välstånd, och den tid vi nu lever i, är om inte den bästa av alla tider, så dock den bästa tid som mänskligheten någonsin upplevt.

APPENDIX

Syftet med detta appendix är att övertyga läsaren om att det är meningslöst att tala om sannolikheten för en viss händelse eller ett visst faktum utan att göra vissa preciseringar och antaganden. Sannolikheten är ingen naturkonstant som vi kan beräkna noggrannare och noggrannare och existerar inte oberoende av oss själva. Speciellt kan man aldrig påstå att en viss regelbundenhet inte kan bero på slumpen, något som ofta anföres som bevis för det ena eller det andra. När man i seriösa sammanhang drar sådana slutsatser är de alltid pragmatiskt motiverade och provisoriska.

Statistik

När kunskapen saknas kan man endast tala om sannolikheter. När man talar om icke-exakta vetenskaper, menar man antingen vetenskaper utan kvantifiering eller sådana där denna är något approximativ. När man inte längre kan tala om ovedersäglig sanning talar man istället om sannolikhet. Men vad som egentligen menas med sannolikheter är en subtil filosofisk fråga. Vi har framför allt den subjektiva upplevelsen av sannolikhet, nämligen den att vi har olika uppfattningar av övertygelse. En sådan är svår att kvantifiera, det rör sig snarare om en vag gradkänsla. Kvantiteter i motsats till tal har vi en instinktiv känsla för. Utan en sådan känsla skulle vi inte ha något sinne för proportioner. Det är betecknande att denna känsla är logaritmiskt graderad, inte linjärt, ty den är relativ och inte absolut. Inom fysiologin är den känd som Webers lag och rör sinnesintryck. Den klassiska indelningen av stjärnor i termer av ljusstyrka, så kallade magnituder, känd sedan antiken, är en ypperlig illustration av detta. Man upplever ljusstyrkan som linjärt avtagande, därav begreppen första, andra och tredje magnituden, medan i själva verket ur objektiv synpunkt avtar ljusstyrkorna geometriskt. I modern standardisering betyder detta att en stjärna av första klassen (magnitud ett) är ungefär 2.5 gånger ljusstarkare än en av andra klassen (magnitud två) och hundra gånger ljusstarkare än en stjärna av magnitud sex, vilken är knappt förnimbar med blotta ögat. Med moderna apparater kan vi både mäta och definiera ljusstyrka kontinuerligt och i den moderna astronomin talar vi fortfarande om magnituder, som nu inte längre behöver vara heltal, och ej heller positiva (Sirius den ljusstarkaste stjärnan har magnitud -1.6, solen har magnitud -26.5, d.v.s. ungefär tio miljarder ljusstarkare än Sirius.). Men ursprunget till denna skala är den mänskliga subjektiva, och en bestickande förklaring till dess logaritmitet är att när det gäller sinnesintryck finns inga absoluta normer, endast relativa, byggda på jämförelser. Två olika sinnesintryck sätter skalan, inte en[29].

På liknande sätt kan vi uppleva storleken av städer. Vi har megastäder med över 10 miljoner invånare, London, New York, Tokyo eller regionala huvudstäder som Prag, Stockholm, Köpenhamn med cirka en miljon, städer med 100'000 som Norrköping, Århus, Bergen, småstäder med 10'000, eller tätorter med 1000, eller byar med 100, eller gårdar med 10. Graderingen skulle tenderas att göras logaritmisk, som första klassens städer, andra klassens och så vidare och utan riktigt klara avgränsningar. På liknande sätt har vi en klassificering av överväldigande, övertygande, mycket stor, stor, måttlig etc. sannolikhet (eller visshet) utan att vi egentligen kan ge dessa någon

29 Det är typiskt att skalorna decibel och Richter, för ljudstyrka och jordbävningar, likaledes är logaritmiska.

handfast innebörd än mindre jämföra dessa med andra människors, ej ens egna från fall till fall, vilket gör det så frustrerande att fylla i enkäter, ett återkommande inslag i så mycken samhällsvetenskaplig forskning. Skillnaden till fallet med stjärnors ljusstyrka (eller städers folkmängd) är slående, ty den subjektiva upplevelsen kan där förankras till vissa objektiva objekt, med andra ord kan vi kalibrera. Någon sådan möjlighet till kalibrering när det gäller sannolikheter är betydligt mera problematisk och i den renodlat subjektiva meningen, grad av övertygelse eller visshet, rentav omöjlig. Dessa känslor är vaga och subjektiva men inte desto mindre är de påtagliga och ofrånkomliga, Hela vår tillvaro bygger på sannolikheter, som t.ex. att undvika det som med största sannolikhet är farligt för att inte säga dödligt, en strategi utan vilken vi inte skulle kunna överleva. Hela den vetenskapliga världen bygger på övertygelser som gränsar till visshet utan att därmed övergå till denna.

Men hur skall man kvantifiera sannolikheter? Hur kan man ge dem en objektiv mening? Och om man lyckas med detta, hur skall man förhålla sig till dessa tal? Om jag vet att risken för att dö med behandling I utgör 0.032 medan behandling II utgör 0.033 är det då självklart att jag skall välja behandling I? För det första – hur jag vet jag att dessa sannolikheter är korrekta, kanske de fluktuerar över tid och rum? Och även om de är i viss mening korrekta, spelar det någon roll? Om det spelar någon roll, i vilken mening spelar det en roll? Om vi kan tala om sannolikheter gör vi sådana beräkningar omedvetet närhelst vi gör val i livet, och skulle vår livskvalitet höjas och livslängden öka om vi kunde göra sådana beräkningar snabbare och noggrannare[30]?

I matematiken undgår man till en viss del att behöva befatta sig med dessa filosofiska frågor i och med den gängse axiomatiska presentationen, som i sin definitiva form går tillbaka till

30 Jmfr. diskussionen om spelteoretiska modeller i ekonomikapitlet.

den ryske matematikern Kolmogorov. Axiom innebär att man tar vissa tingens ordning som givna och sedan undersöker dess konsekvenser. I sannolikhetsteori tar man för givet vissa så kallade utfallsrum och därtill givna sannolikheter. Ett klassiskt exempel som förebådar den moderna axiomatiseringen går tillbaka till sannolikhetsteorins födelse i mitten av 1650-talet och de matematiska pionjärerna Fermat och Pascal. De kontaktades av en spelare (Antoine Gombaud) som efterlyste tillförlitliga sannolikhetsberäkningar i fråga om att rättvist dela en vinstpott när spelet av ett eller annat skäl har blivit avbrutet. För att förenkla det hela, antag att spelet består av tärningskast. För att överhuvudtaget börja någonstans får man anta, att vid ett tärningskast är varje utfall av antal ögon lika sannolika, ty det finns ingen anledning att antaga motsatsen. Notera att detta argument inte är en form av bevis, axiom kan inte bevisas, utan har en intuitiv motivering. Vidare att olika tärningskast är oberoende av varandra. D.v.s. att en tärning inte överför information till en annan, ej heller till sig själv, d.v.s. den har inget minne. Med detta kan man tala om utfallsrummet av två tärningskast. Man kan då skriva ner trettiosex (6×6) olika utkast. Till varje utfall 1,2,..,6 för första tärningen har man sex olika möjligheter 1,2,...,6 för den andra. Ett typiskt utfall är (2,3), d.v.s. första tärningen (eller första kastet) visar två ögon, andra kastet tre. Att varje möjligt utfall är lika sannolikt följer då matematiskt från antagandet (axiomet) av oberoende mellan tärningar. Subtiliteter kan dock inträffa. Om tärningarna kastas samtidigt och man inte kan särskilja mellan de två erhåller man istället ett annat utfallsrum i vilket man inte gör en skillnad mellan (2,3) och (3,2). Man erhåller då endast 21 olika fall, men dessa är inte lika sannolika. I det fall man har olika antal ögon får man två varandra uteslutande fall, var och en med sannolikhet 1/36 d.v.s. totalt 1/18, men om det är samma blir det 1/36. Med andra ord är detta utfallsrum härlett från det första som är mera fundamentalt. Men man kan även postulera att alla utfallen är lika sannolika. Denna typ av statistik är tillämplig på den subatomära världen, och benämnes Einstein-Bose-statistik. Man kan tolka det som att i första fallet är tärningarna olika, vi vet bara inte vilken som är vilken. I det andra fallet kan vi tolka det som om att man inte kan särskilja objekten alls, det är inte en fråga om okunskap (detta skall dock inte sammanblandas med att kasta en tärning två gånger, då vet vi vilket som är först och sist och kan särskilja de båda kasten). Exemplet är givet för att illustrera den frihet man alltid har i att välja sina axiomatiska antaganden. När man väl gjort dessa mer eller mindre rimliga antaganden kommer den matematiska slutledningen in i bilden. Då kan man beräkna sannolikheter för mera komplicerade utfall, som t.ex. att om man kastar två tärningar eller en tärning två gånger, vad är sannolikheten att man får två sexor? Eller att summan av antalet ögon är åtminstone fem? Svaret beror på vilken statistik man tillämpar. I den normala är svaret på den första frågan 1/36, i fallet Einstein-Bose 1/21, när det gäller den andra får vi svaren 1/9 respektive 2/21, ty av alla möjliga 36 utfall är det i det normala fallet precis fyra som satisfierar att summan av ögonen är fem (1,4),(2,3),(3,2),(4,1) medan med Einstein-Bose statistik är det endast två utfall (2,3),(4,1). Man kan på liknande sätt härleda utfallsrummen av *n* på varandra följande kast, och beräkna sannolikheten för komplicerade händelser, som att i en serie om hundra kast, fyra sekvenser med precis fem sexor i följd inträffar. Att beräkna sådana sannolikheter har inte med sannolikhetsteori att göra per se, även om sannolikhetsteoretiker ofta får anledning att göra så, utan utgör rent kombinatoriska matematiska problem helt skilda från verkligheten med fysiska tärningar. Men allt bygger på antaganden som kopplar ihop den matematiska teorin med verkligheten. Hur vet man att antagandena som ligger till grund för axiomen är de rätta. Speciellt vilken är den riktiga statistiken? Den normala eller Einstein-Bose? Vilken som är den relevanta är en empirisk fråga. I den makroskopiska världen råder den första, men i vissa atomära sammanhang visar sig Einstein-Bose-statistiken vara den relevanta. För övrigt kan man notera att Bose först hade stora svårigheter med att få sitt papper publicerat, ty statistiken ansågs vara absurd i och med att den stred mot elementär teori för sannolikhetsteori och det var först när han kontaktade Einstein som han via dennes auktoritet fick upprättelse.

Ur matematisk synpunkt är bägge axiomsystemen likaberättigade. För att kunna skilja dem åt måste vi testa dem i verkligheten. Situationen är analog till skillnaden mellan euklidisk och icke-euklidisk geometri. Vi kan betrakta dem som vetenskapliga teorier och försöka falsifiera dem. Vad innebär en falsifiering?

Om sannolikheten för att få en sexa är 1/6 betyder detta att om man gör många kast förväntar man sig att erhålla en sexa ungefär en sjättedel av gångerna. Inte precis, gör man bara ett kast får man antingen en sexa eller inte alls, då är det 0 och 1 som gäller. Men om man gör tusen kast kan man få goda approximationer till 1/6, och ju fler kast man gör desto närmare 1/6 förväntar man sig komma. Dessa utgör fysiska tester, och det närmervärde man gradvis erhåller kallar man frekvensen. Sannolikhet får därmed en fysisk innebörd. Man kan matematiskt beskriva detta i form av den så kallade stora talens lag, som formulerades och bevisades av Jacob Bernoulli i början på 1700-talet. Den precisa matematiska formuleringen är visserligen relativt enkel men kanske något teknisk för den oinvigde. Först och främst säger den att de relativa frekvenserna konvergerar mot den förväntade, precis som vi inledningsvis förväntade oss. Detta ger en tydlig koppling mellan en teoretisk sannolikhet baserad på en specifik modell och en verklig påtaglig sannolikhet. Problemet är att man måste göra ett oändligt antal kast innan man når gränsvärdet. Detta är fysiskt ogörligt, och långt innan dess har den tärning man använt eroderat bort. Om man läser det finstilta finner man en sannolikhetsuppskattning på hur stort felet från den förväntade frekvensen är efter ett visst antal kast. Om man gör 1000 kast är det ganska osannolikt att man får mer än 200 sexor (vilket skulle indikera en frekvens på 1/5 istället för 1/6). Hur osannolikt? Man betraktar alla möjliga utfall av 1 000 kast. Det rör sig om ett ganska stort tal 6^{1000} med cirka åtta hundra siffror. Sedan är det bara att räkna ut antalet av dessa sekvenser som har mer än 200 sexor. Kontentan av satsen är, att om man vill veta frekvensen upp till en viss felmarginal med en viss visshet, kan detta åstadkommas om man kastar ett tillräckligt antal gånger, och det tillräckliga antalet kan man ange explicit. Så även om kasten i princip kan vara precis vad som helst så i praktiken inträffar bara de rimliga. Den spelande aristokraten kan i princip testa de beräkningar han erhållit genom att just spela tillräckligt länge. Om han t.ex. får 37 gånger insatsen om han får två sexor, kommer han i det långa lopp gå med vinst. Klart han kan ha otur, men oturen är ovanlig om det rör sig om en veckas spelande, och så gott som obefintlig om det rör sig om ett års spelande. Men i princip är ingenting omöjligt, han kan kasta tärningar en miljon gånger utan att en enda sexa kommer upp. Dessa en miljon tärningskast utgör ett utfall vars sannolikhet man enkelt kan beräkna till 10^{-75000}. Ett tal med 75'000 nollor efter decimaltecknet. Sådana sannolikheter (och betydligt större) kan man i praktiken lugnt bortse ifrån. Principen i all slutledning baserad på sannolikhetsberäkningar är att de extremt osannolika kan vi bortse ifrån. Men det betyder inte att det inte kan inträffa. Det ovanliga händer i det långa loppet, förutsatt att det är tillräckligt långt. Att singla en rättvis slant tio gånger och alltid få tio kronor är en chans på 1:1024. Om man singlar tiotusen gånger förväntar man sig att detta skall inträffa en gång, och gör man det 100'000 gånger kan man vara ganska så säker. Det är som med lotterier. Att du själv skall vinna högsta vinsten kan anses vara så gott som uteslutet. Detta utesluter däremot inte att någon vinner högsta vinsten. Sannolikheten att vinna högsta vinsten är samma som att du skall vara den högsta vinnaren. På samma sätt med singlingen, dina tio singlingar kan ses som en delsekvens av kanske de tiotusen gånger slanten under sin existens kommer att singlas. Den låga sannolikheten reflekterar helt enkelt den låga sannolikheten att din singelsekvens skall befinna sig vid rätt tidpunkt. Nu utgör singlandet en fysisk process som endast kan upprepas ett ändligt antal gånger. Slantar kommer att erodera, men även bortom denna gräns sättes en gräns av materiens instabilitet. Decimalbråksutvecklingar av irrationella tal som exempelvis π kan liknas vid slantsinglingar som kan upprepas i det oändliga.[31] I princip antar man att det är möjligt att alla möjliga kombinationer av siffror uppkommer i utvecklingen av π speciellt givna kodifieringar av Hamlet om man väntar tillräckligt länge (D.v.s. ta två siffror åt gången. Detta ger hundra olika kombinationer, som är tillräckligt för att koda alla bokstäver, versaler såväl som gemener, samt siffror och andra tecken.). Man kan matematiskt visa att så gott som alla tal har denna egenskap (vilket är argumentet för att det troligen även gäller för π, åtminstone vore det mycket svårt att falsifiera).

Sannolikhetsteori har mindre med visshet att göra än att rationellt hantera avsaknad av information. Och det är i dessa sammanhang intuitionen ofta leder fel. Låt oss ta en del exempel. Antag att det är lika stor chans att ett barn skall vara flicka som pojke och att dessa är oberoende händelser, med andra ord om man redan har en pojke, så är sannolikheten att nästa barn är en pojke eller inte oförändrad. Säg nu att man med utgångspunkt från detta skall beräkna sannolikheten att i en familj på två att det andra barnet är en pojke om man vet att ett av barnen är en pojke. Det naiva svaret är 1/2, ty detta är sannolikheten att ett barn är en pojke. Detta är fel, och för att inse att det är fel

---

31 Kvoten mellan en cirkels omkrets och dess diameter. Givet av ett oändligt, icke-periodiskt decimaltal 3,1415926 …

behöver man inte göra en empirisk studie. Om man godtar den inledande axiomatiken kan man härleda det hela. I en familj med två barn föreligger det fyra lika sannolika utfall, nämligen (P,P),(F,P),(P,F),(F,F) där (P,F) betyder säg att de första barnet är en pojke, det andra en flicka, medan (F,P) betyder tvärtom. Av dessa fyra alternativ är det tre som är förenliga med informationen åtminstone en pojke. Dessa tre är lika sannolika, och i två av fallen är det andra barnet en flicka. Med andra ord är sannolikheten att det andra barnet har motsatt kön dubbelt så stort som om det har samma kön. Däremot om informationen består i att det äldsta barnet är en pojke, har vi bara två möjliga utfall kompatibla med denna nämligen (P,P),(P,F) och då blir sannolikheten för könet av det andra barnet det förväntade. Distinktionen mellan det äldsta och det yngsta kan givetvis utbytas mot varje a priori distinktion av de två barnen. Ett kommer att vara äldst, eller längst, eller väga mest, det spelar ingen roll vilket. Konklusionen blir den samma. Det sätt som informationen ges är väsentligt. I det första fallet har någon säg inspekterat bägge barnen i familjen för att kunna avgöra utsagan. I det andra fallet kan man tänka sig att personen inspekterar endast ett barn, och om det är pojke säger att familjen har åtminstone en pojke, i annat fall ingenting, så blir även den sannolikheten de förväntade. Om man talar om trebarnsfamiljer och vet att åtminstone två är av samma kön kan man på liknande sätt lätt räkna ut att sannolikheten för att det resterande barnet har samma kön, och finner det vara 1/4. Och återigen skall detta inte förväxlas med fallet att man har fått två pojkar och därmed förväntar sig en flicka med större sannolikhet. Det senare stämmer inte.

Ett annat elementärt exempel på så kallad betingad sannolikhet, nämligen sannolikhet baserad på ytterligare information, är MC problemet som har utnyttjats i gameshows och lett till kontroverser där även folk som borde veta bättre har gått i fällan. Låt oss betrakta tre dörrar. Bakom två av dörrarna befinner sig ingenting, eller om man är sadistiskt lagd en get, och bakom den återstående en bil, med andra ord något som av de flesta människor, åtminstone de som deltager i gameshows, anses vara mycket åtråvärt. Spelaren, som inte har någon aning väljer en dörr på måfå, något annat står inte tillbuds eftersom han saknar information. Väljer han den första dörren därför att det är den första är valet fortfarande på måfå, ty denna princip är vald a priori och på måfå och programledaren som känner till hur det förhåller sig öppnar en dörr som han vet inte leder till en bil. Spelaren har nu ett val, antingen vidhåller han sitt första val, eller väljer ha den återstående dörren. Naivt skulle man tro att sannolikheten att en bil befinner sig bakom endera dörren är lika stor, d.v.s. en halv, och att programledaren öppnar en dörr på inget sätt kan inverka på detta. Bilen kan ju knappast röra på sig. Dock rymmer programledarens åtgärd en subtil information som påverkar den betingade sannolikheten. Antalet möjligheter är tre. Bilen kan befinna sig i position 1,2 eller 3. Spelarens val av dörr ges även av tre möjligheter, position 1,2 eller 3. När det är programledarens tur att välja finns det således 3×3=9 möjligheter 11,12,13,21,22,23,31,32,33 alla lika sannolika enligt våra antagande. Om den valda dörren sammanfaller med bilen kan programledaren välja vilken annan dörr som helst, och detta infaller i tre av nio fall. I den situationen skall spelaren inte byta dörr. Däremot om spelarens val av dörr är skild från bilens, har programledaren inget val i den dörr han väljer, och i det fallet bör spelare byta dörr. Det första inträffar som sagt vad i tre av nio fall och det andra i de återstående sex. Sannolikheterna blir således 1/3 respektive 2/3. Det är således dubbel så stor chans att vinna genom att byta. Detta må ses som paradoxalt. Men välj å andra sidan en dörr, chansen är 1/3 att det skall vara rätt dörr och 2/3 att någon av de andra två dörrarna skall vara den rätta. Denna sannolikhet ändras inte om en av dörrarna öppnas. Eftersom denna dörr är vald med omsorg, (d.v.s. vald för att inte blottlägga en bil) återstår bara en som är den rätta, förutsatt att någon av de två är den rätta. Säg däremot att programledaren väljer på måfå en av de två återstående dörrarna. Utfallsrummet består nu av 18 möjligheter abc där a är positionen för spelarens val av dörr b bilens dörr och c programledarens, med antagandet att c inte är a. Det kommer att finnas sex fall där a=b, d.v.s. spelaren har valt rätt dörr, sex fall där programledaren öppnar dörren till bilen (a≠ b men c=b) och då finns det ingenting att göra för spelaren, och sex återstående fall (a,b,c alla olika) i vilket valet av den andra dörren ger vinst. Om detta spelas och varje gång spelledaren öppnar bildörren så att säga går spelet om, så visar det sig att i hälften av fallen är det en fördel i att byta, i den andra hälften inte alls. Då blir det som man naivt tänkt sig. Om man vill undvika det döda loppet som inträffar en gång av tre behöver inte programledaren öppna dörren alls och man har valet att behålla sin dörr eller välja den tredje. I ett fall av tre kommer bilen vara bakom den valda dörren, i ett fall av tre bakom den resterande dörren, och i ett fall av tre bakom programledarens. Precis som man tänkt sig.

Slutligen ett exempel på ett typiskt hypotetiskt resonemang som förekommer i statistiska undersökningar. Säg att vi har två slantar, en P med krona (0) och klave (1), en annan Q med krona på bägge sidorna. En av slantarna tas på måfå och singlas tre gånger och vi får bara veta resultatet av singlingen. Ur detta skall vi avgöra vilken slant som använts. Om något av utslagen är en klave kan vi utesluta en av slantarna Q och får därmed ett definitivt svar P på frågan. Detta har ingenting subtilt med sannolikhetslära att göra, utan rent sunt förnuft. Men vad händer om det rör sig om tre kronor i rad? Då är båda möjligheterna möjliga, men vilken är sannolikast? För att tala om sannolikheter överhuvudtaget måste vi beskriva ett utfallsrum och en fördelning. Detta ingår i de axiomatiska förutsättningarna. Den naturliga frågan är, kan vi inte föreslå vad som helst? I principiell mening kan vi detta och det är först när vi på ett oberoende sätt kan testa konsekvenserna med verkligheten som vi kan sålla och förkasta. Valet av sannolikhet beror på den rimliga modell vi ger. I detta fall har vi två typer av utfallsrum. Dels utfallsrummet av de två slantarna, och här är det om något rimligt att antaga att bägge slantarna är lika sannolika att välja, och därmed får bägge sannolikheten 1/2. Det andra utfallsrummet består av de åtta möjligheterna när man singlar slant. I fallet med den normala slanten P är alla dessa åtta lika sannolika, medan i fallet med den symmetriska Q är alla utfall utom 000 omöjliga. Vi har således 16 *a priori* möjligheter, hälften av dessa med total sannolikhet 1/2 rör utfall av typen (P;101), var och en med sannolikhet 1/16 medan (Q;000) har sannolikheten 1/2 medan de övriga som (Q;010) är omöjliga och har sannolikhet 0. Om vi nu betingar det hela med utfallet (000) betraktar vi de två fallen (P;000) och (Q;000) sammantaget rör det sig om 1/16+1/2=9/16 varav fallet med Q är åtta gånger sannolikare. Dividerar vi med 9/16 erhåller vi sannolikheterna 1/9 respektive 8/9. Kan vi av detta dra slutsatsen att om vi singlar en gång till kommer sannolikheten för att även nästa är en krona vara 8/9+1/9(1/2)=17/18? Endast om vi vet att det med stor sannolikhet rör sig om en symmetrisk slant som vi singlar redan innan vi börjat. Däremot säg att vi har tio stycken slantar, varav nio är asymmetriska (normala) och endast en enda är symmetrisk? Liknande sannolikhetsberäkningar kommer nu ge den betingade sannolikheten 8/17 för att det rör sig om den symmetriska slanten, och sannolikheten att även få en krona i det fjärde kastet har nu reducerats till 8/17+9/17(1/2)=25/34 vilket är något mindre. Om det rör sig endast om en symmetrisk slant bland tusen blir motsvarande sannolikheter 8/1007~ 0.008 och 1/2(1+8/1007)~0.504. Slutsatserna beror således kritiskt på en given sannolikhetsfördelning.

Ett klassiskt exempel är test för sällsynta sjukdomar. Ingen test är perfekt utan är förknippad med en viss felmarginal. Även om denna är liten betyder det inte att vi har sjukdomen med hög sannolikhet om vi testar positivt. Risken att vi har den ökar kanske med en faktor av tusen, men om risken för sjukdomen är en på miljonen, är risken fortfarande betryggande liten. Hur mycket beror givetvis på om vi från början känner till sjukdomsfrekvensen, men om vi inte vet denna? En försöksperson får besvara en följd av ja- och nej-frågor. Vi antar att ja-frågorna är lika vanliga som nej-frågorna. Vi antar att antingen personen ifråga vet svaren eller att han gissar. Vi låter denne besvara ett antal frågor, säg tre och alla är rätt. Beror detta på slumpen eller inte? Med andra ord har vi att göra med en person som alltid svarar rätt, eller en som inte har en aning och gissar vilt? Frågan kan inte besvaras såvida vi inte ger en *a priori* sannolikhetsfördelning. Om frågorna är mycket svåra kan vi på goda grunder antaga att svaren är slumpmässiga även på tre försök, vi kanske behöver trettio försök? Om vi vet, att en enda person i världen av åtta miljarder människor känner till en viss sifferserie av nollor och ettor, och vi testar en given person genom att be honom eller henne gissa sifferserien. Hur lång bör den vara innan vi kan säga att den givna personen kände till den, och således kan identifieras med en felmarginal på högst 50, 10 eller 1 procent? Eller att svaret bara var resultatet av gissningar? I det här fallet har vi en given fördelning och kan således besvara frågan. För den nyfikne kan vi avslöja svaren till att vara 33,36 och 40 frågor respektive. Men om vi inte vet från vilken population personen ifråga drages har vi ingen möjlighet alls att skatta sannolikheten. En typisk situation kan vara ett en mätserie visar ett mönster. Vad är sannolikheten att detta mönster uppkommer av en slump eller är resultatet av en viss lag? Utan ytterligare information är frågan helt meningslös. Man kan således ur rent statistiska tester inte sluta någon kunskap. Detta passar väl in i det popperska perspektivet. Man kan aldrig verifiera, endast falsifiera. Det finns ingen statistisk metod ur vilken man kan vaska fram det sannolika, för att inte tala om det sanna. Som tidigare påpekats: En teori, även om den endast utgör en ideologi, är alltid ett nyttigt motgift till statistiska resonemang.

I den så kallade statistiska mekaniken gör man en poäng av att händelser med små sannolikheter inte inträffar. 30 gram luft innehåller ungefär 6×10^{23} luftmolekyler (väsentligen en blandning av syre O_2 och kväve N_2 med atomvikterna 2×16 och 2×14 respektive med medelvärdes vikt $0.2 \times 32 + 0.8 \times 28 \sim 30$. Talet är Avogadros.) och upptar ungefär 30 liter. Antalet molekyler i ett ordinärt rum kan då röra sig om en säg 10^{27}. Om deras individuella positioner är oberoende, vad är sannolikheten att de alla befinner sig i ena halvan av rummet? Jo $(½)^{10^{27}} \sim 10^{-3 \times 10^{26}}$ ett tal som börjar med 0.00.. och har lika många nollor som flera kubikmeter luft har molekyler. Skall man säga att detta är omöjligt? Fysiskt eller statistiskt? Låt oss vara pragmatiska och säga fysiskt. På liknande sätt inser man att luften i ett rum måste vara ganska homogent fördelat. Om det är en större skillnad med antalet molekyler i ett utrymme jämfört med ett angränsande, kommer det vara betydligt större sannolikhet att det tätare utrymmet förlorar mer molekyler till det glesare än tvärtom. På makronivå kommer det statistiskt sett ske en utjämning. Däremot på mikronivå kommer det, när vi endast talar om några stycken molekyler, variera kraftigt. Det är som när vi singlar slant, korta sekvenser uppvisar en store variation mellan klaven och kronor, men långa sekvenser däremot tenderar att ha lika många kronor som klaven. Men vad händer om vi väntar tillräckligt länge, säg ett antal år som ges med 3×10^{26} nollor? Om allt är oberoende kommer vi att förvänta oss någon gång en slik skev fördelning av molekyler. Vi talar om Nietzsches eviga återkomst, som betydde mycket för honom personligen, och som exakt kvantifierades enligt ovan av Poincaré. Istället för att betrakta luftmolekylerna i ett litet rum, betraktar vi nu istället alla partiklarna i universum. Tidsperioderna är ofantliga, långt utöver den kända materians stabilitet. Att här tala om falsifikation är ogörligt.

Om alla molekyler vore i ena halvan av rummet vore dess

struktur mera ordnad än om de befann sig överallt. Man säger att det första tillståndet har lägre entropi än det senare. Fysikaliska system tenderar att öka entropin, det blir mer och mer oordnat. Man säger att det eroderar. Om all luft till en början är i ena halvan av rummet kommer det ganska så snart ha spritt sig överallt. Entropin har ökat. Vi förväntar oss inte att denna process skall, i likhet med de flesta mekaniska processer, vara reversibel. Däremot om det fanns små demoner (de så kallade Maxwellska) som såg till att all rörelse till den ena halvan av rummet stoppades, men inte den motsatta, skulle så småningom ena halvan av rummet bli tomt. Entropin skulle öka. Det är det som det naturliga urvalet gör, det verkar som maxwellska demoner och minskar entropin. Sådant kan göras lokalt, men det kräver energi. Solenergin är det bränsle som driver den evolutionära motorn.

Statistik är ett ofrånkomligt verktyg i empirisk forskning. Syftet med statistik är inte så mycket att beräkna sannolikheter och kvantifiera grader av visshet, utan för att organisera vår okunskap. De subtila felen i statistiska beräkningar och de påföljande slutsatserna har främst att göra med oförmåga att organisera denna okunskap och att vi därmed gör orimliga fördelningsantaganden. Typiska problem som uppstår är att göra urval utan bias, d.v.s. vara blind för dold kunskap.

Litteraturförteckning

Böcker av Karl Popper, utgivna på förlaget Routledge:

The Open Society and its Enemies I, II (1945)

The Poverty of Historicism (1957)

The Logic of Scientific Discovery (1959) Engelsk översättning och väsentlig omarbetning av *Logik der Forschung* (1934)

Conjectures and Refutations (1963)

Unended Quest (1974)

The Myth of the Framework - The Defence of Science and Rationality (ed. Notturno) (1994)

All Life is Problem Solving (övers. Cammiller) (1999)

Popper på andra förlag:
Objective Knowledge – An evolutionary Approach (Oxford University Press, 1972)
Auf der Suche nach einer besseren Welt – Vorträge und Aufsätze aus dreissig Jahren (Piper Verlag, 1987)
Alle Menschen sind Philosophen (Piper Verlag, 2004)
Det finns en uppsjö böcker om Popper, här nämns endast två:
S. Fuller *Kuhn vs Popper* (Icon Books, 2003)
M. Hacahen *Karl Popper the formative years 1902–1945* (Cambridge University Press, 2000)

Alternativ litteratur:
Th. Kuhn *The structure of scientitic revolutions 3ed* (University of Chicago Press (1996)
När det gäller naturhistoria rekommenderas:
C.Darwin: *The Origin of the Species* (1859, och ett otal utgåvor sedan dess)

För en idéhistorisk analys:
M.Rudwick *The Meaning of Fossils – Episodes in the History of Palaeontology* (University Press of Chicago, 1976)
M.Rudwick *The Great Devonian Controversy* (University Press of Chicago, 1985)

Personförteckning

JOHN COUCH ADAMS 1819-92 Brittisk astronom och numeriker. Lyckades oberoende av Leverrier räkna ut en oupptäckt planets bana via de störningar den utövade på Uranus.

ALFRED ADLER 1870-37 Österrikisk psykolog. Mentor till Popper.

THEODORE ADORNO 1903-69 Tysk sociolog, filosof och musikolog. Ledande medlem av den så kallade Frankfurtskolan.

APOLLONIUS 262-190 f.Kr. Grekisk matematiker. Känd för sin framställning av kägelsnittens teori.

D'ARCY-THOMPSON 1860-48 Skotsk biolog, matematiker och klassiker, vars matematiska principer presenterade i hans *On Growth and Form* och pekar på kompletterande processer och restriktioner till den evolutionära.

ARISTARCHOS 310-230 f.Kr. Grekisk astronom. Föregångare till Kopernikus.

ARISTOTELES 384-322 f.Kr. Grekisk filosof och vetenskapsman. Elev till Platon, lärare till Alexander den store. Har kanske utövat större inflytande än någon annan filosof, sin läromästare inbegripen.

AUGUSTINUS 354-30 Filosof, teolog, kyrkofader samt helgon. Nyplatoniker.

AVOGADRO (1776-56) Italiensk lärd, matematiker och kemist. Känd för Avogadros konstant 6.0221415×10^{23}, antalet molekyler av 1 mol av ett ämne.

FRANCIS BACON 1561-26 Brittisk filosof, empirismens grundare. Naturen är en öppen bok.

HENRI BEQUEREL 1852-08 Fransk fysiker. Upptäckare av radioaktiviteten tillsammans med makarna Curie, enheten för vilken bär hans namn.

GEORGE BERKELEY 1685-53 Anglo-irländsk biskop och filosof. Förnekare av materialismen. Kritiker av Newton.

JACOB BERNOULLI 1654-05 Schweizisk matematiker, känd för de stora talens sats, nämligen att sannolikheter kan approximeras med frekvenser för långa serier. Var även den förste som introducerade talet e och den naturliga logaritmen.

HAROLD BLOOM (f. 1930) Amerikansk litteraturkritiker, verksam vid Yale University.

LUDWIG BOLTZMANN 1844-06 Österrikisk fysiker och filosof. Termodynamiker och tillsammans med Maxwell grundare av den statistiska mekaniken ur vilken begreppet entropi uppträder, med vittgående filosofiska konsekvenser.

JANOS BOLYAI 1802-60 Ungersk matematiker. En av upptäckarna av den icke-euklidiska geometrin.

BERNARD BOLZANO 1781-48 Böhmisk matematiker och filosof. Ihågkommen via Bolzano-Weierstrass sats i matematiken.

JORGE BORGES 1899-86 Argentinsk författare. Känd för sina korta underfundiga historier, varav det babelska biblioteket är en.

KARIN BOYE 1900-41 Svensk poet.

SATYENDRA NATH BOSE 1894-74 Indisk kvantfysiker från Bengalen, känd för Bose-Einstein statistiken. Bosoner är uppkallade efter honom.

TYCHO BRAHE 1564-01 Dansk (skånsk) astronom. Gjorde noggranna mätningar av himlakropparna utan tillgång till teleskop vid sitt observatorium på Ven. Dessa utgjorde grunden för Keplers teorier.

GEORGE-LOUIS LECLERC DE BUFFON 1707-88 fransk naturalist och författare av en stor Encyclopedi – *Histoire naturelle, générale et particuliere* i 36 band. Föregångare till Cuvier och Lamarck.

GEORG CANTOR 1845-18 Tysk matematiker. Mängdlärans fader. Cantors diagonalprincip, med rötter i antikens lögnarparadox, utgjorde ett huvudtema för Gödels bevis, samt populariserades av Russell via den så kallade Russellparadoxen.

RUDOLF CARNAP 1891-70 Tysk filosof. En av de främsta företrädarna för positivismen. Känd för sina försök att formalisera det vetenskapliga språket, i Freges och Russells anda, för att en gång för alla sätta vetenskapen på en fast grund.

ALONZO CHURCH 1903-95 Amerikansk logiker, känd för sin så kallade lambda-kalkyl.

WINSTON CHURCHILL 1874-65 Brittisk journalist och politiker. "Blood, Toil, Tears and Sweat".

ROBIN G. COLLINGWOOD 1889-43 Brittisk historiker och filosof. Betonade problemets centrala roll inom historieforskningen och förkastade den så förhärskande metoden av att klippa och klistra.

GEORGES CUVIER 1769-32 Fransk zoolog, förnekade evolutionen, men erkände existensen av utdöda arter, vilket förklarades via katastrofer.

CHARLES DARWIN 1809-82 Brittisk naturalist. Framlade i sitt verk *On the Origin of the Species* en förklarande teori, via det naturliga urvalet, för evolutionen.

ERASMUS DARWIN 1731-02 Brittisk läkare, filosof och uppfinnare samt poet, farfar till Charles Darwin. Anticiperade evolutionen och Lamarcks idéer.

RICHARD DAWKINS f. 1941 Brittisk evolutionärbiolog. Känd för sin *The Selfish Gene* som förespråkar att evolutionen sker på gennivå. Dawkins var mellan 1995 och 2008 professor for public understanding of science vid Oxford, och har verkat som uppmärksammad korstågfarare mot religionens inflytande, speciellt mot dess förnekande av evolutionen.

HYPPOLITE DELAROUCHE 1797-56 Fransk konstnär. Lär ha utropat att "från och med i dag är målningen död", efter att han betraktat en dagerrotyp.

RENÉ DESCARTES 1596-50 Fransk filosof och matematiker. Rationalist. Hans "cogito ergo sum" ofta citerat. Förespråkare av den kartesiska dualismen.

FJODOR DOSTOJEVSKIJ 1821-81 Rysk författare och slavofil.

CONAN DOYLE 1859-30 Brittisk läkare och författare känd för Sherlock Holmes, mindre känd för sitt intresse för andar.

ALBRECHT DÜRER 1471-28 Tysk konstnär, målare och gravör. Publicerade en geometrisk bok om mätning med passare och linjal. Bland etsningar kan nämnas *Melancholia*.

ALBERT EINSTEIN 1879-55 Tysk fysiker. Sinnebilden för en excentriske vetenskapsmannen. För alltid förknippad med relativitetsteorin.

ERATOSTENES 276-195 f.Kr. Grekisk matematiker. Grundade geografin. Införde longituder och latituder och mätte jordens omkrets samt avståndet till solen. Vidare känd för sitt primtalssåll.

EUKLIDES 360-280 f.Kr. Grekisk matematiker. Känd för sina *Elementa*, i vilken han systematiskt och axiomatiskt presenterar geometrin, och som har tjänat matematiker som föredöme sedan dess.

LEONARD EULER 1707-83 Schweizisk matematiker. Den produktivaste någonsin.

PIERRE FERMAT 1607-66 Fransk advokat och amatörmatematiker. Främst känd för sina talteoretiska arbeten och *Fermats förmodan.* Men även en pionjär inom analytisk geometri och sannolikhetsteori och föregrep differentialkalkylen.

GEORGE FITZGERALD 1851-01 Irländsk experimentalfysiker. Känd för Fitzgerald kontraktionen. En *ad-hoc* förklaring av det negativa resultatet av Michelson-Morleys experiment

TORKEL FRANZÉN 1950-06 Svensk datalog och logiker.

GOTTLOB FREGE 1848-25 Tysk filosof och logiker. Anses som den analytiska filosofins fader. Hans projekt bestod i att lägga logiken som grund för matematiken. Känd för distinktionen mellan "Sinn" och "Bedeutung".

SIGMUND FREUD 1856-39 Österrikisk läkare. Psykoanalysens fader.

GALILEO GALILEI 1564-42 Italiensk fysiker, matematiker och filosof. Grundare av den moderna fysiken och därmed en av den vetenskapliga revolutionens portalfigurer. Förfäktade den heliocentriska världsbilden och blev därmed föremål för inkvisitionens intresse. Historien om de två tyngderna, som släpptes från det lutande tornet i Pisa för att vederlägga Aristoteles, lär vara apokryfisk.

FRANCIS GALTON 1822-11 Brittisk mångsysslare. Statistiker, speciellt befolkningsstatistiker. "Nature versus nurture". Intelligensfördelning. Introducerade Gauss normalfördelning i sådana sammanhang. Eugentiker. Kusin till Charles Darwin.

CARL FRIEDRICH GAUSS 1777-55 Tysk matematiker. Troligen den mest framstående matematikern någonsin. Gjorde banbrytande insatser i talteori, geometri, sannolikhetslära, och även i fysik.

ANTOINE GOMBAUD 1607-84 Franskt salongslejon, essäist och spelare.

ERNST GOMBRICH 1909-01 Österrikisk konsthistoriker, verksam vid Warburg institutet.

I. J. GOOD, 1916-09 Brittisk-amerikansk datavetare. Myntade uttrycket den teknologiska singulariteten.

STEPHEN J. GOULD 1941-02 Amerikansk paleontolog och popularisator av evolutionen, främst via sina essäer i medlemstidskriften för det naturhistoriska museet i New York där han även var verksam.

ALAN GREENSPAN f.1926 Amerikansk ekonom. Chairman of the Federal Reserve mellan 1987-06.

KURT GÖDEL 1906-78 Österrikisk logiker som revolutionerade logiken via sin *Ofullständighets sats* som innebär att i varje konsistent formellt system, kraftfullt nog att kodifiera oändligheten, existerar sanna satser som inte kan bevisas. Ett specifikt exempel på en sådan är systemets konsistens.

HANS HAHN 1879-34 Österrisk matematiker och filosof. Verkade inom funktionalanalysen och känd för Hahn-Banach sats. Medlem av Wienkretsen.

JÜRGEN HABERMAS f. 1929 Tysk filosof och marxistinspirerad sociolog.

G. H. HARDY 1877-47 Brittisk matematiker. Känd för *A Mathematicians Apology* i vilken han drar en lans för den rena obesudlade matematiken och uttrycker sin avsky för den tillämpade, speciellt den militärt sådana.

WILLIAM HARVEY 1578-57 Brittisk läkare. Den förste som utförligt beskrev blodomloppet.

FRANZ JOSEPH HAYDN 1732-09 Tysk-österrikisk kompositör, sinnebilden för Wiener klassicismen.

FRIEDRICH HAYEK 1899-94 Österrikisk-engelsk marknadsekonom och politisk filosof, knuten till London School of Economics.

G. W. F. HEGEL 1770-31 Tysk filosof som präglade 1800-talets metafysik och vars filosofi anses utgöra den filosofiska grundvalen för marxismen. Enligt Popper, den största olycka som någonsin drabbat den västerländska filosofin. Förlöjligas gärna som den preussiska statens husfilosof.

WILLIAM HERSCHEL 1738-22 Tysk-brittisk astronom och kompositör. Upptäckare av Uranus. Skrev 24 symfonier.

DAVID HILBERT 1862-43 Tysk matematiker och en av de tongivande matematikerna under 1900-talet. Känd för sina Hilberts Problem och "Wir wollen wissen, wir werden wissen" (Vi vill veta, vi kommer att veta) med slutklämmen att i matematiken finns ingen ignorabus. I denna bok vidrörs endast Hilberts verksamhet inom matematikens filosofiska grundlagar även om detta utgjorde bara en liten del av hans matematiska verksamhet.

HUGO VON HOFMANNSTAHL 1874-29 Österrikisk poet och skriftställare. Har skrivit libretton till många av Richard Strauss operor.

WILHELM VON HUMBOLDT 1767-35 Tysk filolog, minister och diplomat. Lade grunden för det preussiska utbildningssystemet inklusive ett modern universitetsväsende, vilket har haft ett fundamentalt inflytande.

Broder till den kände upptäcktsresanden Alexander von Humboldt och grundare av Berlinuniversitet uppkallat efter bröderna.

DAVID HUME 1711-76 Skotsk filosof och historiker. Problematiserade induktionen och orsak och verkan. Vid sidan av Locke en ledande representant för den anglosaxiska empirismen. Hade stort inflytande på Kant.

SADDAM HUSSEIN 1937-07 Irakisk diktator utan massförstörelsevapen.

EDMUND HUSSERL 1859-38 Tysk-österrikisk filosof ursprungligen matematiker. Känd för fenemologin och psykologismen, d.v.s. logikens psykologiska natur. Utövade inflytande på kontinentala filosofer som Adorno, Heidegger och Sartre.

JAMES HUTTON 1726-97 Skotsk geolog. Känd för uppfattningen av den geologiska tiden, obegränsad såväl i det förflutna som i framtiden. "No vestiges of a beginning, no prospects of an end".

WILLIAM JAMES 1842-10 Amerikansk psykolog och filosof. Fick sitt genombrott med sin lärobok *Principles of Psychology*, även uppmärksammad via sin studie av religiösa fenomen. Har fått förnyad aktualitet via sina spekulationer om medvetandet. Präglade begreppet "stream of consciousness" såsom litterär teknik förknippad med Virginia Woolf och James Joyce.

IMMANUEL KANT 1724-04 Tysk upplysningsfilosof verksam i Königsberg, framför allt förknippad med *Die Kritik der reinen Vernuft*.

JOHANNES KEPLER 1571-30 Tysk astronom. Känd för sina tre lagar för planetbanorna.

JOHN MAYNARD KEYNES 1882-46 Brittisk nationalekonom och förknippad med Bloomsbury. Hans ekonomiska teorier hade stort inflytande under mellankrigstiden.

RUDYARD KIPLING 1865-36 Brittisk författare, ihågkommen som den brittiska imperialismen litteräre körledare. Hans djungelsagor skrivna för barn ger skämtsamma "förklaringar" hur elefanten fick sin snabel och liknande.

GUSTAV KLIMT 1862-18 Österrikisk målare, framträdande representant för Wiener Secession. Hans smakfullt erotiska målningar utgör numera välkända ikoner.

ANDREJ KOLMOGOROV 1903-84 Rysk matematiker och sannolikhetsteoretiker.

NIKOLAUS KOPERNIKUS 1473-43 Polsk astronom. Införde den heliocentriska världsbilden.

KARL KRAUS 1874-36 Österrikisk publicist och satiriker. Hade stort inflytande efter sekelskiftet via sin tidskrift *Die Fackel* som han med få undantag var ensamstående bidragsgivare till.

THOMAS KUHN 1922-96 Amerikansk historiker och vetenskapsfilosof. Huvudsakligen känd för *The Structure of Scientific Revolutions.*

JEAN-BAPTISTE LAMARCK 1744-29 Fransk naturalist och den förste som gav en förklaring till evolutionen via förvärvade egenskaper.

JOHAN LAMBERT 1728-77 Schweizisk matematiker, astronom och filosof. Känd för Lamberts ytriktiga kartprojektion. Introducerade den hyperboliska trigonometrin, innan den hyperboliska geometrin var vedertagen.

PIERRE-SIMON LAPLACE 1749-27 Fransk matematiker och astronom, vidareutvecklade den newtonska himmelsmekaniken, och en föregångare till sannolikhetsläran. Känd för sitt påstående att ett intellekt som kände alla partiklars lägen och hastigheter vore i stånd att så väl förutsäga framtiden som avslöja det förgångna.

ADRIEN-MARIE LEGENDRE 1752-33 Fransk matematiker, mest känd för sina arbeten om elliptiska funktioner.

GOTTFRIED LEIBNIZ 1646-16 Tysk filosof och mångsysslare. Utvecklade differential och integralkalkylen i rivalitet med Newton. Känd för sin tes att vår värld var den bästa av alla världar samt sin lära om monader.

URBAIN LEVERRIER 1811-77 Fransk astronom och matematiker. Beräknade tillsammans med Adams en okänd planets bana som ledde till dess upptäckt. Sedermera döpt Neptunus.

RICHARD LEWONTIN f. 1929 Amerikansk evolutionärbiolog, kritiker av sociobiologi och evolutionär psykologi.

LORD KELVIN (se William Thomson)

CARL VON LINNÉ 1707-78 Svensk botanist, vars sexualsystem utgjorde basen för ett systematiskt katalogiserande.

NIKOLAJ LOBATJEVSKIJ 1792-56 Rysk matematiker. Den hyperboliska geometrins fader.

JOHN LOCKE 1632-04 Brittisk filosof. Empirist. Känd för "the blank slate". Individen är ett oskrivet blad och all dess kunskap kommer via sinnesintrycken.

ADOLF LOOS 1870-33 Österrikisk arkitekt, förknippad med slogan att formen följer funktionen, vilket ledde till den moderna avskalade arkitekturen.

HENDRIK LORENTZ 1853-28 Holländsk fysiker, föregångare till relativitetsteorin. Lorentz transformationer lämnar den 4-dimenisonella rumtiden invariant. Skall jämföras med stela rörelser inom det 3-dimensionella rummet.

CHARLES LYELL 1797-75 Skotsk geolog. Förespråkare för den av Hutton introducerade uniformitarismen, denna att de geologiska processerna sker långsamt och gradvis samt inbegriper ingenting som vi inte observerar idag. Han vände sig framför allt emot katastrofrelaterade teorier. Vän och mentor till Darwin.

TROFIM LYSENKO 1898-76 Sovjetisk agronom. Förkastade Mendels ärftlighetslära. Hade stort inflytande under stalintiden. Ansedd som charlatan för att inte säga bedragare.

ERNST MACH 1838-18 Mährisk fysiker och vetenskapsfilosof. Instrumentalist och banbrytare inom gestaltpsykologin. Mest känd för Machtalen, där Mach-1 beskriver ljudvallen.

MAO TSE TUNG 1893-76 Kinesisk revolutionär och gerillaledare. Maos lilla röda var kultbok under 60-talet.

ROBERT MALTHUS 1766-34 Brittisk präst sedermera professor. Känd för *An Essay on the Principle of Population*, i vilken han påpekade konflikten mellan den artimetiska ökningen av resurser och den geometriska ökningen av befolkningen, vilket tvingade en stor del av den senare att framleva ett liv i yttersta misär.

JURIJ MANIN f. 1937 Rysk matematiker. Mest känd för sina insatser inom diofantisk geometri.

KARL MARX 1818-83 Tysk filosof, journalist och samhällsomstörtare. Filosofins uppgift är inte längre att beskriva världen utan att förändra den. Magnus opus, *Das Kapital*, föga läst ofta citerad.

JAMES MAXWELL 1831-79 Skotsk fysiker, framför allt förknippad med Maxwells ekvationer som beskriver sambandet mellan elektricitet och magnetism. Även pionjär inom kinetisk gasteori. Myntade begreppet Maxwells demoner.

JOHN MAYNARD-SMITH 1920-04 Brittisk biolog och genetiker, ursprungligen flygingenjör. Introducerade spelteorin i evolutionsteorin.

GREGOR MENDEL 1822-84 Böhmisk munk och vetenskapsman. Föregångare inom genetiken. Påvisade arvets diskreta natur. Uppmärksammades först postumt. Tack vare Mendel fick Darwins urvalsteori en solidare bas.

ALBERT MICHELSON 1852-31 Amerikansk experimentalfysiker. Speciellt verksam som mästare av ljusets hastighet. 1887 utförde han tillsammans med Morley ett berömt negativt experiment (se Morley).

OSKAR MORGENSTERN 1902-77 Tyskfödd ekonom och medarbetare till von Neumann inom spelteorin.

EDWARD MORLEY 1838-23 Amerikansk experimentalfysiker som tillsammans med Michelson inte lyckades påvisa någon förväntad ändring av ljusets hastighet under jordens färd runt solen. Detta negativa resultat fick genomgripande konsekvenser för den fysikaliska världsbilden via relativitetsteorin.

WOLFGANG MOZART 1756-91 Österrikisk kompositör och underbarn.

ROBERT MUSIL 1880-42 Österrikisk författare, framför allt förknippas med romansviten *Der Mann ohne Eigenschaften*.

JAWAHARLI NEHRU 1889-64 Det fria Indiens första president.

JOHN VON NEUMANN 1903-57 Ungerskt universalgeni, verksam i USA. Logiker, matematiker, fysiker och fader till den programmerbara datorn och pionjär inom spelteorin.

OTTO NEURATH 1882-45 Österrikisk ekonom och vetenskapsfilosof, även verksam som politiker och folkbildare. Ledande medlem i Wienkretsen.

ISAAC NEWTON 1642-27 Brittisk matematiker och fysiker. Hans gravitationslag inte bara revolutionerade himmelsmekaniken utan blev ett rättesnöre för vetenskapen överhuvudtaget. Under slutet av sin levnad verksam som Master of the Mint.

FRIEDRICH NIETZSCHE 1844-00 Tysk filosof. Känd för sin "eviga återkomst".

RICHARD NIXON 1913-94 Amerikansk politiker och president. Mer än något annat förknippad med Watergate.

WILHELM AV OCCAM 1288-48 Brittisk skolastisk filosof, känd för sin rakkniv, nämligen att i en förklaringsmodell skära bort allt som inte är väsentligt. Idealisten som Berkeley skär med denna rakkniv bort objekten bortom våra sinnesförnimmelser.

RICHARD OWEN 1804-92 Brittisk anatom och paleontolog. Myntade namnet dinosaurie (skräcködla) och påpekade dinosauriernas släktskap med nutidens fåglar. Kritiserade Darwins förklaringsmodell för evolutionen såsom varande alltför förenklad.

WILLIAM PALEY 1743-05 Brittisk präst och filosof. Skrev uppmärksammat om att naturens intrikata skönhet och ändamålsenlighet bevisade existensen av en skapare.

PARMENIDES, grekisk filosof och poet, verksam cirka 500 f.Kr. – Lärde att allt är ett, att inga skillnader existerar. En poetisk beskrivning av den moderna fysikens enhetssträvanden.

BLAISE PASCAL 1623-62 Fransk matematiker och filosof. Känd för Pascals vad. Väntevärdet som följer av Guds existens är så högt att även om sannolikheten är försvinnande liten kan det vara värt att satsa på den. Som synes, Pascal var en av sannolikhetsteorins pionjärer.

GIUSEPPE PEANO 1858-32 Italiensk matematiker. Känd för sin axiomatisering av de naturliga talen.

ROGER PENROSE f. 1931 Brittisk matematisk fysiker och platoniker. Väckte uppseende med sin bok *The Emperors New Mind* som var en svidande vidräkning med den artificiella intelligensens projekt, nämligen att hjärnan kan förstås som en datamaskin och att tankeprocesserna kan algoritmiskt inprogrammeras.

CHARLES SAUNDERS PEIRCE 1839-14 Amerikansk filosof. Känd för sin pragmaticism [sic] och sin semiotik i tillägg till sin matematiska filosofi. Vän med William James.

PLATON 427-347 f.Kr. Grekisk filosof. Portalfiguren i den västerländska filosofin.

JOHN PLAYFAIR 1748-19 Skotsk matematiker och uttolkare av Hutton.

HENRI POINCARÉ 1854-12 Fransk matematiker och matematisk fysiker. Den siste universalisten bland matematiker. Författade även filosofiska böcker som *Science et Hypothese*. Även föregångsgestalt inom den matematiska formuleringen av relativitetsteorin.

ALEXANDER POPE 1688-44 Brittisk poet. Översatte *Illiaden* och *Odyssén*. En av de mest citerade.

KARL R. POPPER 1902-94 Filosof, bokens huvudperson.

PROTAGORAS 490-420 f.Kr. Sofist. ”Människan är alltings mått”.

PTOLEMAOIS 90-170 Grekisk astronom. Modellerade planeternas rörelse via ett intrikat system av epicykler.

SRINIVAS RAMANUJAN 1887-20 Indisk självlärd matematiker. Skyddsling till G. H. Hardy.

BERNARD RIEMANN 1826-1866 Tysk matematiker. En grundläggande geometriker som lade de matematiska förutsättningarna för den allmänna relativitetsteorin. Dock mest omtalad för sitt kopplandet av talteori till analytiska funktioner, mer specifikt primtalens fördelning till egenskaper till den så kallade Riemann zetafunktionen, vars specifika formulering går under namnet Riemannhypotesen och anses vara det mest legendomsusade matematiska problemet.

JOSEPH ROTH 1894-39 Österrikisk journalist och författare. Känd för *Radetzkymarsch*.

BERTRAND RUSSELL 1872-70 Brittisk filosof. Känd för Russellparadoxen som punkterade Freges logiska fundament för matematiken. Skrev med Whitehead *Principia Matematica* vilket kom att utgöra kulmen för hans vetenskapliga gärning. Senare en filosofins rockstjärna och nobelpristagare i litteratur. Under sin ålderdom uppmärksammad för sin kampanj mot kärnvapen och att ha lånat sitt namn åt Russelltribunalen.

WILHELM RÖNTGEN 1845-23 Tysk fysiker. Den förste nobelpristagaren inom fysiken. Känd för sina strålar.

GIOVANNI SACCHERI 1667-33 Italiensk matematiker och teolog. Föregångare inom den icke-euklidiska geometrin, men erkände den aldrig.

EGON SCHIELE 1890-18 Österrikisk målare, känd för sina råa sexuellt laddade målningar inte sällan i form av självporträtt.

MORITZ SCHLICK 1882-36 Tysk fysiker och filosof som tog över Machs stol vid universitetet i Wien. Förknippad med logisk empirism eller positivism. Mördad på trappan till universitetsbyggnaden av en missnöjd f.d. student.

ARTHUR SCHNITZLER 1862-31 Österrikisk läkare och författare. Starkt influerad av psykoanalysen. *Cause célèbre* genom teaterstycket *Reigen* stämplat såsom pornografiskt av samtiden.

ERWIN SCHRÖDINGER 1887-61 Österrikisk kvantfysiker, känd för Schrödingerekvationen. Hans bok *What is Life* inspirerade den biokemiska revolutionen under 50-talet.

ARNOLD SCHÖNBERG 1874-51 Österrikisk tonsättare framför allt känd för tolvtonsskalan

WILLIAM SHAKESPEARE 1564-16 Engelsk dramatiker.

ADAM SMITH 1723-90 Skotsk nationalekonom och moralist. Framför allt känd för sin *The Wealth of Nations*, nyliberalismens bibel.

SOKRATES 470-399 f.Kr. Legendarisk grekisk filosof känd främst via Platons dialoger.

HERBERT SPENCER 1820-03 Brittisk biolog, samhällsvetare och filosof. Mångsysslare. Känd för sin "Social Darwinism" samt uttrycket "survival of the fittest".

BARUCH DE SPINOZA 1632-77 Holländsk filosof med sefardiskt ursprung. Försökte bygga en rationell grund för etiken i Euklides anda.

NICOLAUS STENO (Stenius) 1638-86 Dansk katolsk biskop och vetenskapsman, en föregångare inom geologin och etablerade de fundamentala stratiografiska principerna.

JOHANN STRAUSS D.Y. 1825-99 Österrikisk tonsättare känd för sina valser, *An den schönen blauen Donau*. Ej att förväxla med sin fader Johann Strauss eller den tyske operakompositören Richard Strauss.

ALFRED TARSKI 1901-83 Polsk logiker och uttolkare av Gödel.

THALES 624-546 f.Kr. Grekisk filosof och vetenskapsman. Var den första som systematiskt sökte förklaringar till naturfenomen som inte åberopade mytologin. Var också en av de första att ge explicita deduktiva bevis för geometriska satser. Gjorde intryck på sin samtid genom att förutsäga en solförmörkelse.

WILLIAM THOMSON (Lord Kelvin) 1824-07 Brittisk matematisk fysiker. Känd för absoluta nollpunkten och Kelvin skalan.

ALAN TURING 1912-54 Brittisk logiker och föregångare inom datalogin och artificiell intelligens. Känd för Turingmaskinen, den tankemässiga prototypen för den moderna universella datorn, samt Turingtestet.

JAMES USSHER 1581-46 Irländsk biskop. Bestämde via bibelstudier ett exakt datum för skapelsen nämligen natten till söndagen den 23 oktober -4004, (julianska tideräkningen).

ALFRED RUSSEL WALLACE 1823-13 Brittisk naturalist och samlare under expeditioner till Amazondjungeln och den malajiska övärlden. Framlade en evolutionsteori väsentligen identisk med den av Darwin konstituerade.

ERNST HEINRICH WEBER 1795-78 Tysk fysiolog och experimentell psykolog. Känd för Weber-Fenchers lag som hävdar att sinnesintryckens styrka är proportionell mot logaritmen för retningens styrka. Gjorde även anatomiska upptäckter.

H.G. WELLS 1866-46 Brittisk författare och fabiansk samhällsdebattör. Tog djupt intryck av Darwinismen och är mest känd för sina science-fiction berättelser som *The War of the Worlds*.

ALFRED NORTH WHITEHEAD 1861-47 Brittisk filosof och ursprungligen matematiker. Handledare till Bertrand Russell och skrev tillsammans med honom *Principia Matematica*.

EDWARD OSBORNE WILSON f. 1929 Amerikansk biolog, specialist på myror. Blev i och med sina allomfattande teorier om genetikens inverkan på det samhälleliga livet, *Sociobiology*, mycket kontroversiell. Betraktar evolutionen som mänsklighetens mest framstående myt och ser religionen som evolutionärt utvecklad.

LEONARDO DA VINCI 1452-19 Italiensk konstnär och teknologisk visionär. Hans planerade uppfinningar var inte realiserbara under hans samtid. Känd för *Mona Lisa*.

LUDWIG WITTGENSTEIN 1889-51 Österrikisk filosof. Man brukar indela hans filosofiska gärning i den tidiga Wittgenstein ”Wovon man nicht sprechen kann darüber muss man schweigen” (”Tig om det du inte kan tala.”) och den sena språkfilosofiska vilket innebär en trivialisering av filosofin och som följaktligen är mycket på modet.

VOLTAIRE 1694-78 Fransk upplysningsfilosof och satiriker. Passionerad motståndare till den katolska kyrkan – ”Krossa den skändliga”.

XENOFANES 570-480 f.Kr. Försokratisk filosof och poet.

STEFAN ZWEIG 1881-42 Österrikisk författare. Åtnjöt under 20-30-talen ett världsrykte.

www.ingramcontent.com/pod-product-compliance
Ingram Content Group UK Ltd.
Pitfield, Milton Keynes, MK11 3LW, UK
UKHW041839190726
13854UKWH00002B/619

9 789170 401176